U0254245

CIGRE Green Books

国际大电网委员会绿皮书

电网资产管理应用案例研究

国际大电网委员会电力系统发展及其经济性专业委员会 著

李 晖 张贺军 刘 昊 徐雪松 等 译

版权声明：

由李晖、张贺军、刘昊、徐雪松等译自 CIGRE Study Committee C1: Power System Development and Economics 所著的英文版 *CIGRE Green Books Power System Assets: Investment, Management, Methods and Practices*

© Springer Nature Switzerland AG 2022, ISBN：978-3-030-85513-0 版权所有

图书在版编目（CIP）数据

国际大电网委员会绿皮书．电网资产管理应用案例研究／ 国际大电网委员会电力系统发展及其经济性专业委员会著 ；李晖等译．-- 北京：中国电力出版社，2024.12. -- ISBN 978-7-5198-9331-6

Ⅰ．TM6

中国国家版本馆 CIP 数据核字第 2024HP7105 号

审 图 号：GS 京（2024）1809 号

出版发行：中国电力出版社
地　　址：北京市东城区北京站西街 19 号（邮政编码 100005）
网　　址：http://www.cepp.sgcc.com.cn
责任编辑：莫冰莹（010-63412526）
责任校对：黄　蓓　马　宁
装帧设计：赵姗姗
责任印制：杨晓东

印　　刷：北京博海升彩色印刷有限公司
版　　次：2024 年 12 月第一版
印　　次：2024 年 12 月北京第一次印刷
开　　本：710 毫米 ×1000 毫米　16 开本
印　　张：17.25
字　　数：219 千字
印　　数：0001—1000 册
定　　价：230.00 元

版权专有　侵权必究

本书如有印装质量问题，我社营销中心负责退换

[新西兰] 格雷姆・安谐尔（Graeme Ancell）
[加拿大] 加里・L・福特（Gary L. Ford）
[美国] 厄尔・S・希尔（Earl S.Hill）
[加拿大] 乔迪・莱文（Jody Levine）
[加拿大] 克里斯托弗・耶里（Christopher Reali）
[荷兰] 埃里克・里克斯（Eric Rijks）
[法国] 杰拉德・桑奇斯（Gérald Sanchis）

编

电网资产
管理应用案例研究

翻译工作组

（按照姓氏笔画排序）

于娟英	孔　娟	吕　军	刘　昊
刘瑶梅	米　熠	李　晖	李学峰
李梦源	李喆琪	杨一鸣	汪　莹
张贺军	陈英华	季哲伊	周宏宇
项　薇	姜英涵	徐雪松	崔　雪
葛艳琴	韩晓男		

译者序

加快构建清洁低碳、安全充裕、经济高效、供需协同、灵活智能的新型电力系统，是保障国家能源安全、经济社会高质量发展和实现碳达峰碳中和的重要抓手。随着全球能源结构的绿色低碳转型，各国能源行业积极推动能源科技创新和能源生产、消费方式变革，新技术、新装备陆续投入使用，电力企业普遍面临新设备不稳定、老旧设备故障频发、电力系统风险加剧等挑战。如何统筹发展与安全，运用资产管理方法降低资产运营风险、提升资产运营效率效益，作出更加科学合理的资产投资决策，将成为资产管理者今后关注的重点。

国际大电网委员会（CIGRE）电力系统发展及其经济性专业委员会（SC C1）编写了《电网资产：投资、管理、方法与实践》绿皮书，对电网资产的投资、管理、方法进行全面介绍，并结合实际案例详细阐述资产管理理念及方法的运用，为中国电力领域的广大资产管理专业人员提供了重要参考。

国网经济技术研究院有限公司作为全国电力系统电网资产管理委员会（SAC/TC 593）秘书处单位、国际电工委员会电力系统电网资产管理技术委员会（IEC/TC 123）国内技术对口单位，为促进国内外技术交流，加快推广国际电网资产管理理念及方法应用，开展《电网资产：投资、管理、方法与实践》英文著作翻译工作。为方便不同读者群体阅读和使用，将原著分为两册出版，即《电网资产管理方法研究》（原著第1部分）、《电网资产管理应用案例研究》（原著第2部分）。

《电网资产管理应用案例研究》重点围绕《电网资产管理方法研究》中的资产管理理念及方法，结合国际大电网委员会（CIGRE）技术手册（TB）相关典型案例，从维持方案选择、故障风险评估、项目优先级排序等方面，详细阐述资产管理者在实际工作中作出投资决策的过程及方法。希望本书能为国内从事资产管理工作的管理人员、专业学者提供有益帮助，共同推动中国企业资产全寿命周期管理工作深化应用。

本书中的案例涉及不少生僻的公司名称和专业术语，译者在全面理解原文并充分尊重原著内涵的基础上，翻译尽可能考虑国内专业的要求和中文表达的习惯，以便读者更好地阅读和理解。

由于学识和经验所限，书中难免存在疏漏和不足之处，恳请广大读者批评指正。

译者

2024 年 9 月

CIGRE 主席寄语

CIGRE 是一个全球性的电力系统和设备专家团体，总部设在巴黎。作为一个非营利组织，其成员来自 100 多个国家。CIGRE 在很大程度上是一个虚拟组织，由各自技术领域的专家组成工作组，致力于处理发电和输电行业面临的各类问题。这个独特的团体由 60 个 CIGRE 组织（以下称为国家委员会或 NC）组成的全球网络提供支持。各 NC 还负责为参加 CIGRE 全球知识计划的 250 多个工作组提名各自的最佳本地人才。CIGRE 是一个不受商业因素影响的技术信息来源。工作组负责编写技术手册，也可作为针对具体技术问题的综合性报告。这些手册经过同行评审，具有实用性，可按要求在其成员的公用事业中应用。CIGRE 针对已出版的 700 多本技术手册以及在 CIGRE 会议和研讨会上发表的数千篇技术论文保存了电子档案。

近年来，CIGRE 开始了绿皮书的编写工作。这些书包括来自 CIGRE 和其他通过同行评审的技术出版物以及技术专家资料的汇编，形成了针对更广泛技术领域的最新综合报告。绿皮书《电网资产：投资、管理、方法与实践》，由电力系统发展及其经济性专业委员会（SC C1）编制而成，能够为各种电网资产管理提供广泛参考。

像其他 CIGRE 绿皮书一样，本书包含了来自全球各地的数十位专家的贡献。不论读者身在何处，国际专家们提供了与这些读者有关的技术信息，本书的内容除了直接应用于公用事业和其他公司之外，亦可作为制定国际标准和技术指南的资料来源，并为学术界开发新方法提供指导。

我要感谢电力系统发展及其经济性专业委员会（SC C1）和其他专业委员会，他们参与了本书的编写，或为本书编写贡献了力量。我要特别代表 CIGRE 向 SC C1 前任主席 Konstantin Staschus 表示感谢和感激，感谢他发起并为这一艰巨的项目作出的贡献。

Michel Augonnet

2022-01-29

Michel Augonnet，工程师，1973 年毕业于法国高等电力大学（Centrale Supelec）。在阿尔斯通集团（Alstom Group）（现为 GE）的发电、输电和配电领域工作 42 年，专注于电气系统、控制和仪表、项目管理和销售。Michel 目前是 Super-Grid 研究所（位于法国里昂的电气研究和测试实验室）的所长，AEG 电力系统、Mastergrid SA 的董事会成员，ACTOM (PTY) South Africa 公司的候补董事。Michel 是法国 NC 前任主席兼 CIGRE 主席。

CIGRE 技术委员会主席寄语

本绿皮书汇集了资产管理领域专家提供的知识体系，适用于资产维护和系统开发领域的资产投资合理性评估。

高级公用事业经理和决策者，以及监管过程中的监管者和干预者，越来越需要对系统开发和资产维护投资进行量化的财务合理性论证。老化资产的剩余寿命评估和老化资产的寿命末期管理投资受随机过程影响。通过定义资产寿命终止的主动更换，取决于公用事业公司准备在继续运行资产时承担风险的大小，以及希望通过资本延期实现多少节约。资产投资的合理性论证包括分析可选投资及其时机，以确定基于风险的成本 / 收益基础上的最优投资。本绿皮书中所述的方法为完整业务案例的开发提供了良好的基础，其中包括可轻松适应公用事业情况的电子表格财务框架。此类方法需要合理且完全透明，便于非技术或非财务审查人员和决策者充分理解，从而批准最终的商业案例实施。使用这本 CIGRE 绿皮书，同时具备使用电子表格的基本能力和基本的财务知识，可以使用户成功地进行可信商业案例的分析与项目开发。

本绿皮书由电力系统发展及其经济性专业委员会（SC C1）和其他几个专业委员会重要的行业专家撰写，并涵盖他们详细的案例研究。我借此机会向编者团队、各章节作者以及所有贡献者表示感谢，整个全球技术界都将从中受益。我要特别感谢并祝贺 C1 专业委员会及其主席 Antonio Iliceto 在完成本绿皮书的编写方面发挥的领导作用。

Marcio Szechtman

CIGRE 技术委员会主席

Marcio Szechtman，分别于 1971 年和 1976 年毕业于巴西圣保罗大学并获得电气工程硕士学位。他于 1981 年加入 CIGRE，2002 年至 2008 年担任直流输电与电力电子专业委员会（SC B4）主席。2014 年获得 CIGRE 奖章，2018 年当选为技术委员会主席。Marcio 长期任职于电力系统研发中心，自 2019 年 4 月起被任命为巴西电力公司首席技术官（CTO）。

CIGRE 秘书长寄语

2014 年，我有幸为 CIGRE 第一本绿皮书（《架空线路》）和第二本绿皮书（《高压挤包绝缘电缆用附件》）的发布进行了介绍。2011 年，Konstantin Papailiou 博士首次向技术委员会提出“绿皮书”的想法，即将某一特定领域的技术手册整合成书。与施普林格（Springer）合作，第一本绿皮书作为重要的参考著作出版，并通过该知名国际出版商的庞大网络进行销售。

为了满足专业委员会的不同需求，我们还创建了另外两个绿皮书类别，即“紧凑系列”（更短、更简洁）和“CIGRE 绿皮书技术手册”。CIGRE 出版了超过 850 本技术手册，这些手册可通过网上图书馆（https://e-cigre.org/）获取。该图书馆还可以查看数千篇 CIGRE 会议论文和专题讨论会论文。该图书馆是一个在电力工程相关技术文献领域最全面的、可访问的数据库。未来，专业委员会可能以常规方式发布技术手册，但也可以作为绿皮书出版，以便通过施普林格（Springer）网络分销至 CIGRE 团体以外的地方。

这本关于资产管理方法与实践的新绿皮书是一本重要的参考著作，由电力系统发展及其经济性专业委员会（SC C1）编写，其他几个专业委员会也提供了相关资料。资产管理在过去二十年中不断发展，并根据行业和监管需求持续发展。因此，这本绿皮书，作为一本“活”的电子书，将随着该学科的进步而不断进化。

我为这本书所有的编者、撰稿人和审稿人感到自豪，是他们不懈的努力为本行业提供了如此有价值的资源。

Philippe Adam
秘书长

Philippe Adam 于 2014 年被任命为 CIGRE 秘书长。他毕业于巴黎中央理工学院。1980 年，他在法国电力集团（EDF）开启了自己的职业生涯，当时任职研究工程师，后来晋升为研究 HVDC 和 FACTS 设备的工程师团队管理者。加入 CIGRE 后，最初担任工作组专家，然后成为工作组召集人，为他的专业活动提供了支持。随后，他在法国电力集团（EDF）担任了多个管理职位，2000 年法国电网运营商（RTE）成立时，他被任命为财务和管理控制部经理，并于 2004 年任职国际关系部副主管。从 2011 年到 2014 年，他一直担任 Medgrid 产业计划的基础设施和技术战略总监。2002 年至 2012 年，他担任 CIGRE 技术委员会秘书，2009 年至 2014 年担任 CIGRE 法国国家委员会秘书兼财务主管。

致谢

除了在第 2 部分 * 中直接给予致谢的作者外，编者团队（以下简称编者）还要感谢提供第 2 部分案例研究的公司和 PJM，感谢他们的版权许可，令我们得以使用第 3 章中出现的三个 PJM 人物的相关信息。

此外，编者还对以下人员的帮助、鼓励、支持和贡献表示由衷的感谢：伊夫・莫根（Yves Maugain）、康斯坦丁・斯塔斯库（Konstantin Staschus）、彼得・罗迪（Peter Roddy）、尤里・茨姆伯格（Yury Tsimberg）、康斯坦丁・帕帕里乌（Konstantin Papailiou）、西蒙・莱德（Simon Ryder）、特利・克雷格（Terry Kreig）、比尔・摩尔（Bill Moore）、布莱恩・斯帕林（Brian Sparling）、约翰・雷基（John Lackey）、马克・魏因贝格（Mark Vainberg）、梅根・伦德（Megan Lund）、格尔德・巴尔泽（Gerd Balzer）、马歇尔・克拉克（Marshall Clark）、韦恩・佩珀（Wayne Pepper）及菲利普斯・舒伊特（Philipp Schüett）。

* **译者注** 《电网资产：投资、管理、方法与实践》中文引进版分两册出版。原著第 2 部分为中文引进版的第二册《电网资产管理应用案例研究》。

前言

在 ISO 55000 系列和几本早期 SC C1 技术手册中包含了有关资产管理流程和组织方面的信息。但是，这本 CIGRE 绿皮书的主要重点是介绍实用的资产管理方法。为了消除所谓的“视线”，或仅仅满足资产管理过程与实现实际资产管理结果之间的差距，需要使用融合技术、财务和风险分析能力的实用方法来做出更明智的投资决策。

本书第 1 部分* 描述了资产管理的演变，一直在影响并将持续影响资产管理的业务和监管驱动因素，以及之前的 CIGRE 技术手册中确定的资产管理功能框架。第 1 部分还记录了将各种形式的资产管理工程和技术方面的基本知识，以及使用基于风险的商业案例分析支持资产投资决策所需的财务考虑因素。虽然研究这些基于技术 / 财务 / 风险的方法是有必要的，但是通过实例和详细的案例研究来了解这些方法是如何在实践中应用的，往往更有启发性。这就是绿皮书的这一部分的重点所在。

本书的第 2 部分** 涵盖了由公用事业公司、保险公司及编者提供的 12 个案例研究，展示了这些方法在实践中的应用。每个案例研究都在编者的引言中介绍，提供背景信息并与绿皮书第 1 部分实现有效衔接，同时突出了关键要素。本书收集的案例研究尽可能保留了撰稿

---

* 译者注 《电网资产：投资、管理、方法与实践》中文引进版分两册出版，原著第 1 部分为中文引进版的第一册《电网资产管理方法研究》。

** 译者注 《电网资产：投资、管理、方法与实践》中文引进版分两册出版，原著第 2 部分为中文引进版的第二册《电网资产管理应用案例研究》。

人的意愿，仅对可能引起歧义的语法错误进行了纠正。此外，案例研究还从A1、A2、A3、B2、B3和C1等几个CIGRE专业委员会的设备类型和技术角度阐述了通用方法和特定方法或定制方法，以及这些方法的应用。

资产管理是一门相对较新的学科，随着业务和监管环境的不断变化，不断发展演进。因此，这本绿皮书浓缩了关于资产管理方法可用资料的精华和思考。编者期望随着时间的推移，这项研究能够得到进一步完善，并建议所有相关方通过CIGRE的持续努力继续遵守这一准则。

目次

编者概况

格雷姆·安谐尔（Graeme Ancell）博士从事电力行业工作 30 多年。Graeme 是 Ancell Consulting Limited 的所有人，该公司自 2015 年以来一直为新西兰和国际电力行业提供服务。他担任两个 C1 工作组的召集人，同时兼任 C1 专业委员会的成员。

加里·L·福特（Gary L. Ford）博士在安大略水电公司公用事业部门工作了 40 余年，随后与两位同事创立了 PowerNex Associates Inc.，该公司致力于为资产管理、采购及决策支持领域的电力公用事业提供技术咨询服务。自 1981 年以来，他在 CIGRE 的经验包括积极参与工作组 23.02、B3.12、C1.1、C1.16、C1.25、C1.38、B3.38 及 D1.39，最近担任本绿皮书的主编。

厄尔·S. 希尔（Earl S. Hill）先生在过去的 30 年里一直担任电力行业的独立顾问。他是三本关于 RCM 和资产管理的 EPRI 出版物的合著者。希尔先生曾参加过 CIGRE 工作组 C1.25 和 C1.34，目前是工作组 C1.43 的成员。希尔先生多年来协助数十家公用事业公司实施维护改进工作，范围遍及除南极洲以外的各大洲。

乔迪·莱文（Jody Levine）女士在前安大略水电公司及其衍生公司工作了大约 30 年。在做了几年的电站设备资产经理后，目前在管理现场支持顾问小组，负责变电站的维护工作。她一直活跃于 CIGRE 工作组 B1.60 和 C1.43，担任 IEEE 400.3 的主席。

克里斯托弗 · 耶里（Christopher Reali）先生就职于独立电力系统营运公司（加拿大安大略省），担任输电网规划工程经理一职。Christopher 在系统规划方面有超过十年的经验。Christopher 一直活跃于 NPCC、NERC 和 CIGRE 工作组。他是 SC C1 的加拿大国家代表。

埃里克 · 里克斯（Eric Rijks）先生在荷兰电力公用事业分公司工作了 20 多年，目前就职于荷兰国有电网公司（TenneT）输电系统运营公司。他是工作组 C1.1 的秘书，同时兼任工作组 C1.16 和工作组 C1.25 的召集人，这些工作组已编写了四本具有重大意义的 CIGRE 技术手册，而本绿皮书就是基于这些手册。他被授予技术委员会奖。他持有电气工程硕士学位和内部审计硕士学位。

杰拉德 · 桑奇斯（Gérald Sanchis）先生在输电行业工作了 30 余年，在法国和德国的 RTE 和 EDF 集团分别担任管理和技术领域的各类职务。他曾深入参与欧洲电网运营商联盟（ENTSO-E）的工作，负责系统开发和研发领域，支持协会主席。他是 CIGRE 的出色成员和 C1.44 的现任召集人，致力于解决全球电网问题。他曾担任研发欧洲项目 e-Highway 2050 的协调员。

撰稿人

布萨约·阿金洛耶（Bsayo Akinloye）
ENMAX，加拿大卡尔加里（加拿大西南部城市）

格雷姆·安谐尔（Graeme Ancell）
Ancell Consulting Ltd.（新西兰惠灵顿）

奥伊辛·阿姆斯特朗（Oisin Armstrong）
爱尔兰都柏林爱尔兰电力供应局（ESB）

弗雷德里克·S·S·布雷斯勒Ⅲ（Frederick S. S.Bresler Ⅲ）
美国宾夕法尼亚州福吉谷 PJM 互联电网有限公司

迈克尔·E·布莱森（Michael E. Bryson）
美国宾夕法尼亚州福吉谷 PJM 互联电网有限公司

陈红（Hong Chen）
美国宾夕法尼亚州福吉谷 PJM 互联电网有限公司

阿妮·乔普拉（Ani Chopra）
AltaLink，加拿大卡尔加里

科林·克拉克（Colin Clark）
AltaLink，加拿大卡尔加里

赫尔曼·德比尔（Herman De Beer）
AusNet Services，澳大利亚墨尔本

安迪·迪金森（Andy Dickinson）
AusNet Services，澳大利亚墨尔本

大卫·M·伊根（David M. Egan）
美国宾夕法尼亚州福吉谷 PJM 互联电网有限公司

加里·L·福特（Gary L. Ford）
PowerNex Associates Inc.（加拿大安大略省多伦多市）

厄尔・S・希尔（Earl S. Hill）
Loma Consulting，美国威斯康星州密尔沃基市

约尔格・考夫曼（Jörg Kottmann）
Axpo Grid AG，瑞士巴登

特伦斯・李（Terence Lee）
FM Global，美国伊利诺伊州约翰斯顿

大卫・莱宁（David Lehnen）
Axpo Grid AG，瑞士巴登

乔迪・莱文（Jody Levine）
加拿大安省第一电力公司（加拿大安大略省多伦多市）

丹尼尔・摩尔（Daniel Moor）
Axpo Grid AG, 瑞士巴登

杰森・诺克托（Jason Noctor）
爱尔兰都柏林爱尔兰电力供应局（ESB）

大卫・奥布莱恩（David O'Brien）
爱尔兰都柏林爱尔兰电力供应局（ESB）

鲍勃・奥惠斯肯（Bob Okhuijsen）
TenneT，荷兰阿纳姆

康斯坦丁・O・帕帕里乌（Konstantin O. Papailiou）
Malters，瑞士

保罗・彭塞里尼（Paul Penserini）
Réseau de Transport d'Électricité（RTE），法国巴黎

韦恩・佩珀（Wayne Pepper）
Ausgrid，澳大利亚悉尼

特伦斯・拉迪米尔（Terence Rademeyer）
FM Global，美国伊利诺伊州约翰斯顿

克里斯托弗・耶里（Christopher Reali）
独立电力系统营运公司，加拿大安大略省多伦多市

埃里克·里克斯（Eric Rijks）
TenneT，荷兰阿纳姆

杰拉德·桑奇斯（Gérald Sanchis）
RTE，法国巴黎

亨克·桑德斯（Henk Sanders）
TenneT，荷兰阿纳姆

肯尼斯·塞勒（Kenneth Seiler）
美国宾夕法尼亚州福吉谷 PJM 互联电网有限公司

斯图亚特·塞尔登（Stuart Selden）
美国法特瑞互助保险公司（FM Global），美国伊利诺伊州约翰斯顿

杜鲁门·濑户（Truman Seto）
ENMAX，加拿大卡尔加里（加拿大西南部城市）

约翰·尚恩（John Shann）
Ausgrid，澳大利亚悉尼

布莱恩·D·斯帕林（Brian D. Sparling）
Dynamic Ratings Inc，澳大利亚墨尔本

凯文·万（Kevin Wan）
ENMAX，加拿大卡尔加里（加拿大西南部城市）

1 短期资产管理方法: TenneT 和 RTE

亨克·桑德斯（Henk Sanders）
鲍勃·奥惠斯肯（Bob Okhuijsen）
埃里克·里克斯（Eric Rijks）
保罗·彭塞里尼（Paul Penserini）

亨克·桑德斯（H.Sanders）、鲍勃·奥惠斯肯（B.Okhuijsen）、
埃里克·里克斯（E. Rijks）
TenneT（荷兰阿纳姆）
e-mail: Eric.Rijks@tennet.eu

保罗·彭塞里尼（P. Penserini）
Réseau de Transport d'Électricité (RTE), Paris, France

© 瑞士施普林格自然股份公司（Springer Nature Switzerland）2022
G. Ancell 等人 (eds.)，电网资产，CIGRE 绿皮书，
https://doi.org/10.1007/978-3-030-85514-7_10

目 录

摘 要

本章重点介绍了两家领先的欧洲公用事业公司——TenneT 和 RTE 在处理短期资产管理决策时所使用的方法。因此，这些内容将涉及《电网资产管理方法研究》* 第 6 章“运营资产管理”中所述的基于风险的优先级排序方法的应用。其中包括确定资产健康指数以及资产关键性评估指标所需的资产状况评估，从而形成资产风险的定性评估标准。这些方法将用于确定资产投资选项的排序。

“TenneT 案例：“基于风险和状况的资产维持”部分相关材料由 TenneT、Henk Sanders、Bob Okhuijsen、Eric Rijks 提供。“RTE：风险管理进展”部分的相关材料由 Réseau de transportd，électricité (RTE)，Paul Penserini 提供。

1.1 TenneT 案例：基于风险和状况的资产维持

1.1.1 引言

本文中介绍 TenneT 基于风险和状况的资产维持过程旨在向 Cigré

* 译者注 《电网资产：投资、管理、方法与实践》第 1 部分。

成员及其他有关方告知 TenneT 在维持输电资产质量和可用性方面遵循的理念。

基于风险和状况的资产维持过程旨在监测输电资产的风险和资产的健康状况。资产健康指标是维护活动的结果之一，也是进行风险评估和资产维护及置换决策的输入。

TenneT 设计了资产健康指数来评估资产的状况。资产的状态（即“健康”）是根据故障统计数据得到的预期运行寿命、投运日期和资产功能测试评估的综合结果。

在这种情况下，需引入如下主题：

- 资产维持过程；
- 资产健康指数；
- 未来发展。

1.1.2 资产维持过程

1.1.2.1 维护过程

维护过程从技术维护指南和长期维护计划开始。本年度维修计划应基于长期维护计划制定。

技术维护指南中包括了对输电网中每类型资产须执行的各项检查活动。长期维护计划是依据技术维护指南所规定的特定活动检查周期而制定的。

维护计划只包括检查活动和诊断活动的内容。其他维护活动或更换是由检查和诊断的结果所引起的。根据维修技术人员对资产状况评估的结果，由维护工程师决定是否需要进行额外的维护或维修。在维护指南中规定了偏差和额外维护的决策标准。

检查和诊断的目标之一是获取有关资产健康状况的数据。每次维修活动后，维修技术人员应记录资产状态指标。交付的状态指标在技术维护指南中有具体规定。

1.1.2.2 资产监测流程

根据资产维持策略制定者的职责，状况指标经业务规则管理系统中的自动化流程转化为资产健康状况指数，然后记录在 ERP 系统中。最终，形成一个包含所有资产及其资产健康指数的数据库。

该数据库提供了资产的总体情况。作为监测任务的一部分，资产维持策略制定者还将对资产总体及其相关的资产健康指数进行分析。通过这些分析可能会发现，某些类型的资产群体（新建或老旧）出现的恶化状况仅靠增加额外的维护已经无法补救。

健康指数方法可以估算出两次检查之间组件满足技术要求的程度。为此，将其分为四个级别。

- 良好（绿色）：定期维护。在未来 6 年内，技术状况有望持续满足技术要求，但是前提是要保证进行定期维护。
- 合格（橙色）：额外维护（增加维护频率）。在未来 6 年内，技术状况预计将低于技术要求，但如果进行额外的维护，有望再次变为绿色。
- 较差（红色）：基于风险的缓解计划。在未来 6 年内，技术状况预计将低于技术要求。根据风险的不同，计划采取不同的缓解措施将组件健康指数恢复为绿色。
- 不合格（紫色）：置换 / 翻新。在未来 3 年内，技术状况预计将低于技术要求。这些风险可以通过置换和翻新项目来缓解（见图 1-1）。

健康指数有助于深入了解电网中的资产群体。其可以反映出电网其他部分中的同类资产是否获得了相似的得分。通过这种方法，可以评估状况不佳的资产是孤立事件还是与同类资产群体有关的问题。

1.1.2.3 风险评估与决策过程

恶化状态的资产子类群体概述，将作为风险评估的输入内容。对于这些子类群体资产，其风险是由维持策略制定者与风险分析师协作进行评估的，评估资产故障对业务价值的影响。相关标准包含在 TenneT 资产风险政策中。风险评估相关信息保存在资产风险登记册中。

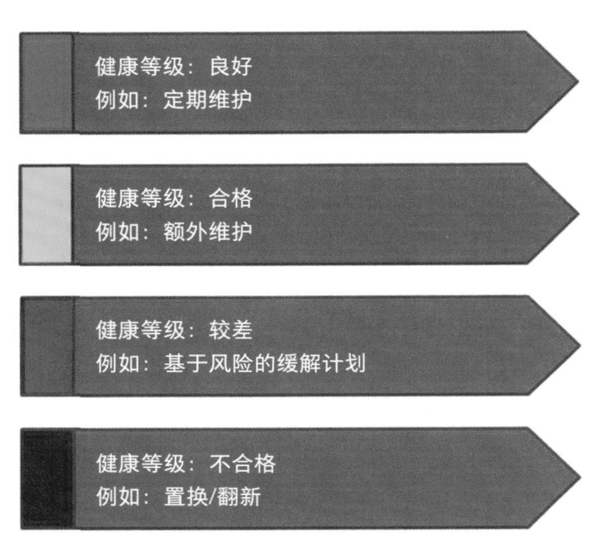

图 1-1 健康指数得分及缓解措施示例

根据风险评估得分，维持策略制定者起草了置换子类群体资产的投资提案。TenneT 资产风险政策中也提到了风险可接受水平的标准。

例如，如果某一资产对应标记了红色分数，应增加维护内容并对相似资产群体进行定性评估，以建立置换计划。或者，如果资产对应标记了紫色分数，则对风险进行评估，并确定进行优先置换。在实践中，置换或维护的决定并不仅仅基于资产的风险评分。例如，对于停电大修计划，相较于仅仅更换风险评分较高的组件（通常是断路器），更换间隔内的所有组件可能更具有可行性。这一策略的结果是，间隔内其他风险评估分数较低的组件，比风险标准确定的更换时间提早完成了更换。

如果投资提案得到了资产投资委员会的认可，则会提出投资申请，其中包括列入资金预算以及计划在未来几年内执行的更换方案。

风险登记册上应记录了电网中阻塞点和资产健康状况的所有风险评估。为了降低风险，明确投资项目，形成了基于风险的投资组合。随着现有基础设施持续老化和更换，以及电网的扩展，电网不断发展，风险登记册和投资组合也随之发展变化。多年来风险模型的发展表明了电网绩效和质量的发展。风险越低意味着电网的绩效和质量就越好。

风险模型定义为电网中堵塞点和资产健康状况的实际风险评估的得分之和。每个相关的投资项目有对应的启用日期，也就是风险解除的日期。如果从风险评估到相关缓解措施的启用日期是未来的一段时间，则该风险将计入风险模型中。

确定的堵塞点或资产健康状况的风险评分应由对六项公司价值的评估结果决定：安全供应、利益相关者、安全、财务、环境和合规性。在对每项公司价值的风险评分方面，需将后果影响和发生频率相结合。图 1-2 中的风险矩阵给出了每项公司价值的风险分数评估。

		影响					
		1	2	3	4	5	6
概率	6	低	中等	高	很高	严重	严重
	5	可忽略不计	低	中等	高	很高	严重
	4	可忽略不计	可忽略不计	低	中等	高	很高
	3	可忽略不计	可忽略不计	可忽略不计	低	中等	高
	2	可忽略不计	可忽略不计	可忽略不计	可忽略不计	低	中等
	1	可忽略不计	可忽略不计	可忽略不计	可忽略不计	可忽略不计	低

图 1-2　风险矩阵

对于每项公司价值，事件发生的频率分为六个等级，从几乎确定（每年一次以上）到几乎不可能（10000 年内不足一次）。为了评估对公司价值的影响，将其分为六个严重等级。

1.1.3 资产健康指标

本节将诠释资产健康指数的概念。

通过检查资产组部件的性能来评估状况，然后量化为状态指标。根据相关知识规则，对每项功能的差异程度进行加权计算，可以得到健康指标得分。知识规则应基于经验不断完善。

资产健康指数的作用是向资产管理者提供信息，便于他们对资产的子类群体作出寿命终结（报废）决策。资产健康指数并不提供资产正常运营的实时信息。对于维护或故障维修活动中发现的任何可修复缺陷或故障，都应予以修复。资产健康指数旨在为有关子类群体置换的长期决策提供信息。

以下段落中，将以断路器为例说明资产健康指数模型。在过去的几十年里，断路器是在灭弧介质和灭弧原理的逐渐应用中研制发展起来的。针对每一种类型的技术，都设计了健康指数模块。根据 ERP 数据库中的信息，为资产种群中的特定断路器选择恰当的模块。

计算资产健康指数的公式可以处理缺失的数据。资产数据和状况指标的数据质量仍有待提高。应保证推导出真实可信的资产健康状况指标的公式是可靠的（见图 1-3）。

资产健康指数应基于收集的状况预测参数（CPP）计算得出。针对断路器，专家已定义了多个子系统指标，这些指标对断路器的预期寿命提供了预测值。每个子系统指标均由维护期间收集的状态指标组成。断路器子系统指标，以电流承载能力为例，在维护时测量接触电阻，指标值以制造商参考值的百分比表示。这些值可从资产健康指数

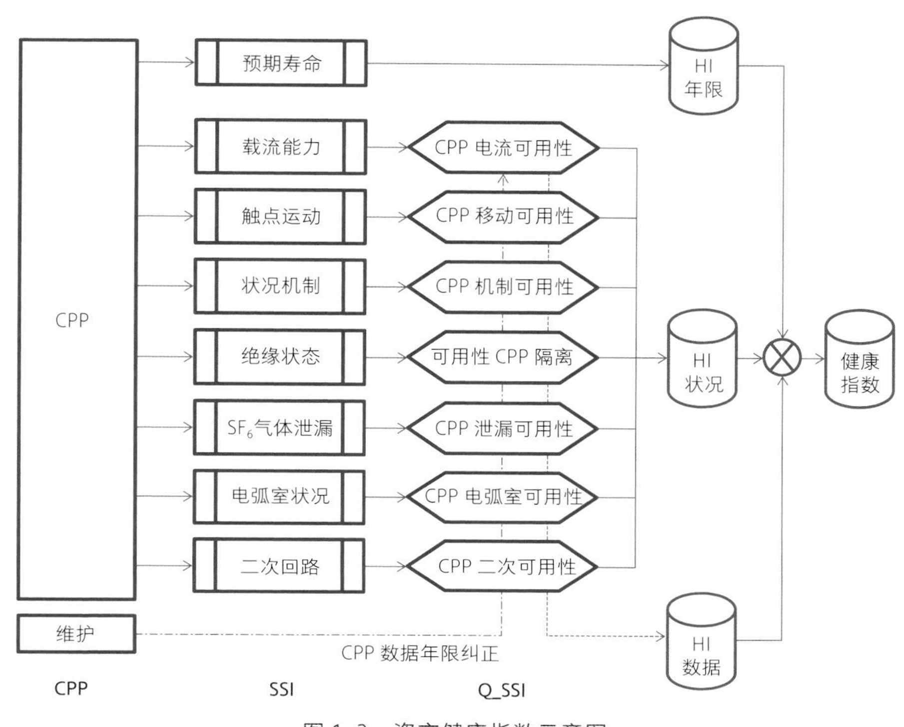

图 1-3　资产健康指数示意图

软件中读取，并转换为从 1 到 10 的类别（其中 10 表示状况良好，1 表示状况较差，0 表示无可用数据），作为子系统指标。这个过程与其他已定义的子系统指标类似。并非所有的子系统指标都对断路器的预期寿命有着相同的影响。因此，专家们对子系统指标分配了不同的权重。例如，对于 SF_6 断路器，载流能力子系统指标的权重为 0.16，SF_6 泄漏子系统指标的权重为 0.26。各子系统指标权重之和等于 1。

按照资产健康状况指标模型的基本假设，与资产年限相比，资产状况对资产的预期寿命的预测价值更大。尽管如此，年限，或者说子系统指标的预期寿命，是资产健康状况方程中的一个重要参数。资产健康状况指标等于根据实际状况数据计算的加权子系统指标和预期寿命加权子系统指标之和。

把预期寿命纳入考虑的原因是资产状态数据的可用性和质量仍需

改进。规避这一问题可以采用的方法是利用资产的启用日期、专家对子类群体故障概率的评估，以及维修技术人员对资产剩余寿命的初步评估来推测资产可能的预期寿命。通过这种方式，可以计算出每个资产的子系统指标预期寿命。根据状况数据的可用性，结合实际状况数据或可能的预期寿命计算的指标可以增加或减少权重。

资产状况数据在特定的时间间隔内有效。在维护指南中，这一点通过定义维护周期来实现。每个维护周期的定义，都是针对特定资产类型和所需的检查及诊断，因此状况数据需以相应的时间间隔进行及时更新。在实践中，出于许多原因，维护活动可能滞后于计划日期。如果状况数据未按照计划及时更新，那么状况数据可能无法反映资产的实际状况。这一点必须在资产健康状况指数中体现。将数据质量和可用性引入方程，可通过为维护数据定义一个状态预测参数（CPP）来实现，该参数值应在 10 到 1 之间，其中 10 表示检查是按计划进行或提前进行的，1 表示检查比计划晚了半个维护周期。

资产健康指数是根据实际状况数据计算的加权子系统指标和预期寿命加权子系统指标的总和计算得出的，其中所属权重取决于维护数据的可用性。

1.1.4 未来发展

资产健康指数帮助 TenneT 对电网中资产的健康状况有了深入的了解，并提供了子类群体范围内作出维护或置换决策的相关信息。缺点之一是收集维护数据仍是一个周期性的重复过程，很大一部分需要借助维护人员的能力。资产健康指数也可以为实际资产置换活动提供助力。

TenneT 的资产管理者希望将资产健康模型进一步发展为资产风险模型。资产风险模型应能提供资产风险概况，由资产在变电站、接线、组件等不同层面的状况和关键性（资产故障的影响）得出，以便评估更换策略和维护优先级。资产风险模型应提供特定资产位置相关的风险概况，而不是评估资产子类群体的总体风险。

1.2 RTE：风险管理的进展

1.2.1 引言

RTE 的技术方案是为提供已确定技术需求的解决办法而开发的。然而，由于财政资源有限，RTE 需要对这些项目进行优先级排序后实施。在这方面，尽管受影响资产可能根据不同的政策进行管理，为比较不同技术方案的影响，RTE 公司开发了一种称为“所提供的服务”的方法。该方法从资产管理方面的实践而来，在技术手册 422 中有详细说明。

1.2.2 方法

“所提供的服务”这一方法是以多种标准方法为基础的。这种方法考虑了公司的商业价值，并实施了风险评估方法，其中包括故障模式和影响分析，基于历史经验进行的定量分析，同时还加入了专家的定性输入。RTE 所考虑的商业价值包括：

- 财务影响；
- 供电安全；
- 职业健康与安全；
- 环境影响。

使用关键绩效指标（例如，成本、未供电量等）评估每个商业价值的风险。后果的严重程度分为四个级别：轻微、重大、严重和极为严重。

表 1-1 列出了 RTE 使用的业务影响矩阵。

表 1–1　RTE 使用的业务影响矩阵

商业价值	轻微	重大	严重	极为严重
财务影响	10k€	100 k€	1 M€	10M€
供电安全	1 MWh	10 MWh	100 MWh	1 GWh
职业健康与安全	轻微受伤	严重受伤，损失工时	永久性残疾伤害	致命伤害
环境影响	本地及暂时影响	严重的和范围较广的影响	无法完全吸收的影响	永久性和大规模影响

事件发生概率可按照表 1-2 所示的 6 个级别进行定性和定量定义。

表 1–2　事件发生概率

频率指数	频率等级	次数 / 年	每日资产故障概率
F6	几乎是必然的	$F > 10$	$P > 10^{-2}$
F5	极有可能	$F \sim 1$	$P > 10^{-3}$
F4	很可能	$F \sim 0.1$	$P > 10^{-4}$
F3	可能	$F \sim 0.01$	$P > 10^{-5}$
F2	不常发生的	$F \sim 0.001$	$P > 10^{-6}$
F1	不太可能	$F < 0.0001$	$P > 10^{-7}$

风险评估矩阵的构建使用了上述业务影响和事件发生概率，并基于四个风险级别。图 1-4 是财务影响的风险矩阵。

概率 / 严重程度	10 k €	100 k €	1 M €	10 M €
1E-02	100	1000	10000	100000
1E-03	10	100	1000	10000
1E-04	1	10	100	1000
1E-05	0	1	10	100
1E-06	0	0	1	10
1E-07	0	0	0	1

图 1-4　财务影响的风险矩阵

公司就启动风险处置而设定了规则。预防措施根据风险等级进行调整。同样的规则适用于所有商业价值。

- 在风险非常高的情况下，立即采取降低风险的措施；
- 在风险较高的情况下，则可计划通过预防性措施缓解风险；
- 在中等风险的情况下，则可通过风险监控方式，评估风险的演变；
- 在风险较低的情况下，则采用常规风险管理。

1.2.3　方法的应用

这种“所提供的服务”方法对所有技术方案均适用。

这明显会导致：

- 根据适当的标准对资产进行排序：例如，地理位置、环境、功能；
- 识别可能带来风险的非预期事件；
- 识别商业价值及相关关键绩效指标影响情况；
- 评估有用的数据：例如，故障成本、维修持续时间；
- 评估可能发生的每个非预期事件的严重程度；
- 评估每个非预期事件的发生概率；
- 通过商业价值影响矩阵，评估每个受影响商业价值的风险水平。

然后，对不同情景进行评价，如：

- 将技术方案应用于全部资产；
- 将技术方案应用于有限部分的资产；
- 未应用技术方案。

成本评估考虑因素包括：

- 预防性措施直接成本；
- 故障成本（包括修理成本、缺供电量损失）。

目标是选择最佳情景，一方面需考虑预防措施的费用，另一方面需考虑所涉及的风险。

可选方案的风险评估一般需持续数年，例如，规划期为 10 年。对于每年和每个情景的风险，可通过使用风险评估矩阵进行评估，并将评估结果（风险等级）在图表中进行表示，便于轻松比较计划期内受影响的商业价值（BV）的场景。

1.2.4 方法的成效

“所提供的服务”的方法，通过考虑财务成本、需要的措施及相关风险的评估，有助于优化技术方案组合。

这种方法可以比较可选技术方案之间对不同资产类别的影响。比较通常基于长期（例如 10 年）的成本与效益分析，同时还应用了 CIGRE 技术手册 422 中所述的风险评估方法。此外，这种方法还有助于与利益相关方（尤其是监管部门）进行沟通。

亨克·桑德斯（Henk Sanders）是荷兰TSO TenneT 的顾问。曾在奈梅亨大学（现拉德堡德大学）学习社会经济地理学，在瓦赫宁根大学及研究中心（WUR）主修商业和公共管理。他一直从事公共基础设施相关领域工作：在荷兰铁路公司工作了 11 年，在 TenneT 电力公司工作了 20 余年。他曾参与许可授权、环境（EIA、SEA）、政策制定（SF_6、EMF、鸟类保护、景观与自然）等课题研究，并在近几年参与了企业社会责任（CSR）部门的工作。自 2002 年以来一直在 CIGRE 的多个工作组工作，并成为 SC C3 成员，2015—2020 年担任 SC C3 主席。最新出版物为《可持续发展 – CIGRE 工作的核心》，以及绿皮书中的一篇文章《未来供电系统》（有关电力系统环境绩效的章节）。

鲍勃·奥惠斯肯（Bob Okhuijsen）目前担任荷兰 TenneT TSO 西部维护和项目执行区负责人。他取得了代尔夫特理工大学机械工程硕士学位，在电力部门拥有 25 余年的工程和管理经验。他在电力基础设施资产的风险和投资组合管理方面拥有超过 15 年的专业知识积累。他撰写了几篇以资产管理为主题的论文，并为 CIGRE WG C1.25 关于资产管理的技术手册提供了相关资料。

埃里克·里克斯（Eric Rijks）先生在荷兰电力公用事业部门工作了20多年，目前就职于TenneT输电系统运营公司。他曾从事工程、资产管理和管理审计方面的工作。他是WG C1.1的秘书，同时兼任WG C1.16和WG C1.25的召集人，这些工作组已编写了四本具有深远影响的CIGRE技术手册，而这些手册都是编写本绿皮书的基础。他被授予技术委员会奖。他是CIGRE资产管理绿皮书的主编。

保罗·彭塞里尼（Paul Penserini）目前负责法国输电系统运营商RTE的资产管理协调活动。他担任IEC TC 123“电力系统电网资产管理”标准化委员会的副主席。

他拥有土木和结构工程专业的研究生背景。他于1990年获得巴黎皮埃尔和玛丽居里大学工程科学博士学位。2000年之前，他一直在卡尚高等师范学院教授结构工程。

2007年之前，他负责运营EDF研发电气实验室“Les Renardières”。随后他开始管理RTE的输电线路专业部门，直到2016年。

2 Transpower NZ Ltd.: 针对隔离开关和接地开关的设备维修（作为更换的替代方案）的研究

韦恩・佩珀（Wayne Pepper）
约翰・尚恩（John Shann）

韦恩・佩珀 (W.Pepper)、约翰・尚恩 (J.Shann)
澳洲电网，澳大利亚悉尼
e-mail: wpepper@ausgrid.com.au

© 瑞士施普林格自然股份公司 (Springer Nature Switzerland) 2022
G. Ancell 等人 (eds.)，电网资产，CIGRE 绿皮书，
https://doi.org/10.1007/978-3-030-85514-7_11

目　录

2 Transpower NZ Ltd.：针对隔离开关和接地开关的设备维修（作为更换的替代方案）的研究

摘 要

监管机构和公用事业公司高级决策者需要仔细审查资本投资和持续的资产维持与维护投资。维护预算通常以削减预算而非增加预算为目标，而资产管理部门支持通过增加维护支出来实现潜在资本节约的论点遭到了质疑。新西兰在这方面提供了一个很好的反面示例，在培训维护人员及有针对性的维修方面的投资表明，比起过早更换资产，这种方式可以节省大量成本。典型示例包括，遵循“俭则不匮”的理念和精心策划的短期运营资产管理可以得到良好的结果。

2.1 项目概况

当前，室外隔离开关和接地开关配置情况是 2787 个室外隔离开关和大约 1100 个室外接地开关，平均使用年限为 31 年。其中，有 308 个隔离开关在 220kV 和 110kV 的电压下工作，他们目前已有 50 年或以上使用年限。假设这些资产的标准寿命为 55 年。作为 Transpower 2013 年提交的监管文件中的一部分，所公布的资产整体战略，为老化隔离开关的更换计划提供了基础依据。然而，该战略也提出了大幅改善资产管理流程的必要性，并预测了更换优先级可能发生的变化，以及对更换和翻新之间的费用支出进行重新分配。

此次调查通过改善维护交付期，开发了显著延长资产寿命的潜力，同时推迟了更换隔离开关的资本支出。调查范围集中在 110kV 和 220kV 电压条件下工作的室外隔离开关和接地开关的主要型号上。

隔离开关和接地开关为机械操作设备，所以涉及的问题主要与长期环境恶化有关。然而，机械设置不当和维护不良也会导致加速恶化，在需要时无法正常开启 / 关闭。根据有关建议，60% 的隔离开关和接地开关使用寿命可以延长到 90 年以上，且可通过在维护交付方面进行重大改进来提升其性能。改进计划包括为期 4 年的针对性维护，使所有隔离开关和接地开关达到统一标准，然后再进行有效的日常维护（见图 2-1）。

2.2 重要发现

（1）一般情况下，对隔离开关进行干预的触发因素与腐蚀、隔离开关对准不良及可能导致接触部位发热的问题相关。

（2）隔离开关的常用备件和替换部件可通过承包商持有的备件、Transpower 商店及各类供应商获得。鉴于制造图纸便于获得，专业供应商可以参考图纸制造其他独特的组件。

（3）服务提供商的知识和能力具有可变性。

图 2-1　典型 220kV 空气绝缘隔离开关

（4）为了维持较长的资产寿命（50年以上），需要通过培训和文档资料（包括多媒体）对隔离开关和接地开关进行技能和知识的积累和继承。

（5）为了解决第（3）点和第（4）点问题，需要对当前的标准维护程序（SMP）和参考资料开展研究，确保所有资料满足用户需求，并在未来技术平台变更时可用。

（6）隔离开关和接地开关的数量不会因引进新开关设备技术而大幅减少。因此，在可预见的未来，隔离开关的维护需求将持续存在。

（7）有针对性的设备维修可将设备恢复到接近原始制造商的规格状态，还可通过持续有效的维护实现设备使用寿命无限期延长。

（8）需要制订一份提高维护能力并承担针对性维修的工作计划。

（9）隔离开关更换所涉及的资本支出可以显著推迟，随着时间的推移，将有望降低运营成本。

（10）经济分析表明，一次性额外运营成本（OPEX）投资将在资本支出方面带来250%的净收益（基于现值成本）。

2.3 问题

下文总结了需干预的典型问题和触发因素。这些数据是通过与各类维护服务提供商、技术专家及Transpower公司骨干员工的讨论得出的。

2.3.1 隔离开关和接地开关触点

（1）非镀银/镀银接触面区域的损伤。

（2）不同金属导致动、静触点发生接触腐蚀。

（3）动、静触点腐蚀和点蚀。

（4）螺栓接合面之间形成氧化膜（见图 2-2）。

图 2-2　隔离开关触点和连接

2.3.2　隔离开关与接地开关动臂

（1）柔性连接部位断裂。

（2）动臂不接触触点，行程停止同步。

（3）操动机构未将动触点旋转到闭合位置。

（4）辅助开启偏置弹簧损坏或调整不当。

（5）操动机构锁定，防止隔离开关闭合。

（6）连接端子板腐蚀。

2.3.3　隔离开关机械装置

（1）变速箱润滑脂硬化导致机械操作困难。

（2）安装在手动变速箱箱体上防风雨密封件故障。

（3）隔离开关上未安装闭合限位止动螺栓（许多型号开关的安装，都未使用这种关键可调节止动螺栓）。

（4）在动臂触碰行程限位时，手动操作手柄中的可调锁扣未接合。

设备的针对性维修可将设备恢复到接近原始制造商的出厂状态。

2.3.4 时机

出于规划和预算目的，当设备的使用年限接近 55 年时，针对性的维修变得更为普遍，而范围可能要扩大到这一类设备。根据设备状况，可能需要满足下文提及的要求。

2.3.5 人员

对于隔离开关，需要一名专业人员、一名合格的变电站维护人员及两名助理在 8~12 小时停电期间（不包括开关）完成工作。

对于接地开关，需要一名专业人员、一名合格的变电站维护人员，在 8~12 小时停电期间（不包括开关）完成工作。专业人员一般是指具有知识和指导能力，能够指导团队将隔离开关恢复至尽可能接近全新状态的人员。

经过分析，这种针对性的设备维护费用估计为 5000 美元（包括 3000 美元人工费和 2000 美元的设备费用），且费用是一次性成本，只要在未来进行持续有效且统一的维护实践，就不会重复支出。

2.3.6 部件

适用于隔离开关和接地开关类型的一套标准部件，包括：

（1）更换动、静触点（三相全套）。

（2）柔性接头和过渡板。

（3）偏置和辅助开启弹簧。

（4）特氟龙衬套、橡胶联轴器、橡胶操作手柄、不锈钢润滑油喷嘴及各种螺栓、垫圈和螺母。

（5）润滑脂和润滑剂。

总成本估计为 4000 美元（见图 2-3）。

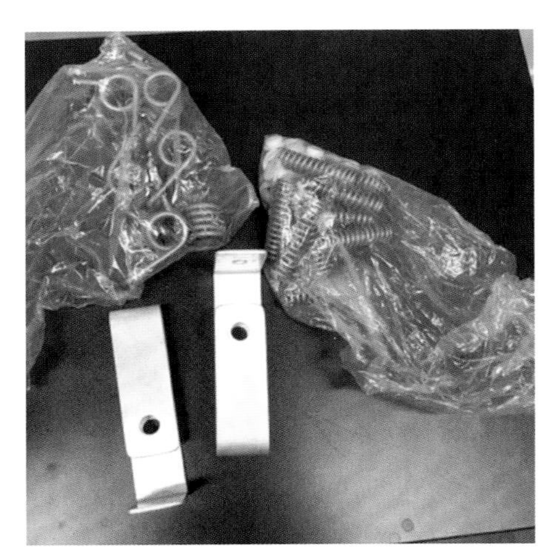

图 2-3　隔离开关的更换部件

2.3.7　培训

需要为员工进行培训和指导，并提供详细的参考资料。鉴于这部分为前期成本费用，下文所示预算数字中不包括这些成本（图 2-4 和图 2-5）。

2.3.8　资源

目前的参考资料需要更新附加状况评估标准，并以照片、图表为指导实施纠正程序。制造商的手册需要放在易于实施人员获取的位置。鉴于这部分为前期成本费用，下文所示预算数字中不包括这些成本。

2.3.9 其他

应进行试点翻新修复，并将其作为一项培训活动，同时，应涵盖拟开展的有针对性的设备维修内容。未来，只有接受过 SM5 培训并具有当前能力 / 经验的人员才能承担该设备相关的翻新修复工作。为实现上述目标，需要花费一段时间使所有的 DS/ES 达到基线标准，这预计需要 3~4 年时间，目前的时间间隔为 4 年。

2.4 成本比较

经济分析评估了隔离开关和接地开关维持现状与投入运营成本进行针对性维护两种方案之间的关系。Transpower 公司的商务团队承担了经济分析工作（有关典型培训材料及设备见图 2-4~ 图 2-6）。分析主要涉及如下假设：

（1）分析周期为 20 年。

（2）贴现率为 7%。

在“维持现状”的政策方针下：

（1）隔离开关的最大更换年限为 70 年。

（2）未来 20 年内，大约需要更换 300 个隔离开关。

（3）更换成本仅取决于隔离开关（不包括支撑结构和基础）。

（4）现有的定期和不定期维护保持不变。

根据拟定策略，额外的投资将保证：

（1）提高维护人员的技能，以便在未来 6 年，能够确定每个需要进行针对性维修的隔离开关，并对 1/10 的隔离开关进行针对性维修。

（2）不提供一次性投资，就无法有效开展针对性的维修。

（3）提高维护人员的技能，将有望削减与 CE 隔离开关触点对准

TRANSPOWER

用于纠正程序的隔离开关

缺陷类型：　　　　行程辅助弹簧故障
隔离开关类型：　　220kV 坎特伯雷工程 IVB

1　缺陷描述及原因

The IVB disconnector uses springs in the main cast housing to take some of the weight off the operating mechanism during opening. Over time these travel assist springs can fail either due to corrosion or metal fatigue. If the spring has been overtensioned during maintenance this can increase the likelihood of failure.

2　如何发现缺陷

This defect can normally be identified during planned maintenance when the spring cover is removed. The spring will require replacement if it has serious corrosion, is broken or is showing signs of cracking. A broken spring is easily identified by looking for two or more coils that are touching as in the photo below.

Note: normally the operator would not notice much change in operating force due to failed springs.

图 2-4　典型培训材料（一）

图 2-5　典型培训材料（二）

问题相关的计划外维护成本。截至 2022 年，这种可能的成本削减估计将是当前预算费用的 2/3。

（4）基于“最小限度”方法，使用年限达到 70 年更换的隔离开关，现在将在使用年限达到 110 年时才更换。

图 2-6　C.E.C IDB/J 3150A 隔离开关

韦恩·佩珀（Wayne Pepper）取得了悉尼科技大学的电气工程学士学位和电力工程研究生证书。自 1988 年工作以来，他一直在悉尼的澳洲电网（Ausgrid）及其前身机构工作，从事测试、规划、运营、变电站工程、采购及电厂设备工程等领域的工作。他目前的职位是输电开关设备高级工程师。2005 年加入澳大利亚 CIGRE SC A3 委员会，并于 2015 年至 2021 年担任澳大利亚 SC A3 委员会的召集人。自 2016 年以来，始终是 CIGRE SC A3 委员会的成员。其职能领域包括开关柜（新旧）、仪表变压器、设备和绝缘测试，以及资产管理。

约翰·尚恩（John Shann）1980 年开始在新西兰电力部担任水电设计学员。他在两座水电站的安装、测试和制图项目中工作了 6 年，随后在 SCADA 工作了 2 年，其间主要负责水电站和地热站的远程控制系统。1989 年，他加入新西兰公用事业输电公司“Transpower”，从事变电站操作与维护工作，积累了主要设备的相关经验。随后他担任 HVDC 和主要资产的工程经理，并于 2014 年晋升为主要资产首席工程师。他涉猎了变电站设备相关的工程咨询与支持、资产性能、故障和失效分析，以及有关变电设备的资产管理等领域。约翰（John）为 CIGRE AU-A3 的成员。

架空输电线路资产维持投资

康斯坦丁·O·帕帕里乌（Konstantin O. Papailiou）
加里·L·福特（Gary L. Ford）

康斯坦丁·O·帕帕里乌（K.O.Papailiou）✉
瑞士马尔特斯
e-mail: konstantin@papailiou.ch

加里·L· 福特 (G.L.Ford)
PowerNex Associates Inc.（加拿大安大略省多伦多市）

© 瑞士施普林格自然股份公司（Springer Nature Switzerland）2022
G. Ancell 等人 (eds.)，电网资产，CIGRE 绿皮书，
https://doi.org/10.1007/978-3-030-85514-7_12

目 录

3 架空输电线路资产维持投资

摘　要

架空输电线路（OHTL）是电网的重要组成部分。OHTL通常老化得较为缓慢，可靠性可维持几十年之久。然而，由于它们受到环境压力和系统负荷的影响，所有材料都会发生老化，最终都需要资产维持投资。包括输电铁塔生锈、木结构腐烂、导体退火并脆化、绝缘体发生开裂、塔底座生锈或崩裂等。这些类型的老化机理，如果忽视不管，将逐渐积累并导致不可靠、无法接受的运营风险，甚至需要更换整条线路。从公众接受和许可的角度来看，整条线路更换存在一定风险，这就促使公用事业公司通过及时翻新投资来维持架空线路。CIGRE 的《架空输电线路》绿皮书包含了大量有关这一主题的信息。本章介绍了《架空输电线路》绿皮书中的投资分析框架。此外，使用《架空输电线路》绿皮书的一般框架和《电网资产管理方法研究》* 第 8 章中所述的商业案例分析技术，对早期 CIGRE 技术手册（TB353）中的案例研究进行了更新，以比较可选的线路翻新及其执行时间。

---

* **译者注** 《电网资产：投资、管理、方法与实践》第 1 部分。

3.1 引言

在 ISO 55000（《资产管理：概述、原则和术语》）中，资产管理被描述为“组织实现资产价值的协调活动”。受私有化、解除管制和竞争的影响，电力公用事业行业目前处于过渡状态，获得新线路通道及建设新线路所需的许可和（或）资金变得越来越难。因此，公用事业公司正在努力寻求从现有架空输电线路（OHTL）资产中获得最大收益的方法。在这个大环境下，架空输电线路的所有者和资产管理者在不断地问自己以下问题（CIGRE WG 22.13）：

- 架空输电系统的投资是否合理？
- 是否可以合理预测下一次架空输电线路故障发生的概率？
- 发生故障时，是否有效收集和管理了准确的数据？
- 是否充分了解架空输电线路各部件的当前性能？

在过去，这些问题都是用定性数据来回答的，而且大多是基于个人经验得出的。然而，在未来，相关决策将需要基于以前没有的定量信息和数据库来支持。利用这些数据，可以使用风险管理技术支持管理决策。在下文中，给出了一些有助于回答上述问题并作出正确决策的指南（CIGRE《架空输电线路》绿皮书，第 17 章）。

3.2 投资

关于投资的管理决策的目标是在预定的投资期内尽量减少年度支出的净现值（NPV）。为了得到可比较的结果，必须将未来成本折现成现在成本（CIGRE WG 22.13, WG C1.1）。结论

$$NPV = \sum\nolimits_{i=0}^{i=n} \frac{C_i}{(1+r)^1}$$

式中:

- NPV 表示年度支出净现值;
- n 表示考虑使用的时期;
- r 表示贴现率;
- C_i 为第 i 年的年度支出。其中

$$C_i = E_i + R_i$$

式中:

- E_i 是第 i 年的确定性成本或计划支出;
- R_i 是与第 i 年故障风险相关的概率成本。

下文中将对这些数值做进一步讨论。

3.3 支出

计划支出包括投资成本和正常运营成本。这些成本涉及公司内部的不同层面，包括整个公司、系统运营部门（也称为电力商务部）和架空输电线路事业部。如表 3-1 中列出了这些典型费用。

3.4 基于风险的故障成本

OHTL 实际发生的缺陷和故障主要涉及如下原因:

- 不可预见的外部原因，如相邻电网故障、极端天气条件、蓄

意破坏；

- 内部原因，如磨损、老化、变形、结构或材料不良；
- 运营方面，如电气过载、开关故障、保护和控制功能不当。

故障通常会带来以下后果：

- 电压水平波动，导致客户操作过程中受到干扰；
- 系统重新配置，导致损耗和 / 或发电成本增加；
- 计划的维护程序中断；
- 修复成本；
- 因输电线路不可用而引起的财务索赔。

表 3-1　与不同级别有关的年度支出

有关的主要支出	年度支出	
	计划支出	故障风险
公司等级	投资	伤亡。 建筑环境的严重破坏。 负面宣传、客户流失，甚至更难找到新的客户。 故障导致系统崩溃
系统运营等级	电量和容量损失	额外的电量和容量损失。 更昂贵的发电成本。 因未交付电量而造成的利润损失。 受到监管机构的处罚
OHTL 运营与维护等级	定期检查和巡视 OHL 组件状态。 定期开展油漆、树木修剪和小范围干预措施。 因植被的损害对土地所有者的补偿。 信息收集和数据库维护产生的间接成本	维修（包括因植被的损害对土地所有者的补偿）

OHTL 故障的风险定义为故障的概率乘以由此产生的货币化后果的总和。导致故障的事件可能是可预测的，也可能是不可预测的。

3.5 可预测事件

线路各组件会遭遇多种类型的损坏，例如：磨损、金属疲劳、腐蚀、变形和拉伸。由于各组件采用不同的材料制成，在不同的环境中具有不同的性能，因此其中一些组件可能会比其他组件损坏得更快。采用适当的检查/评估方法可以确定所有OHL组件的现有能力，包括剩余电气和机械强度。此外，如果存在历史组件性能的数据库，则可以通过推断法来估算组件未来的性能。然后，可以确定其薄弱环节，即最先发生故障的概率最高的OHTL组件。这一点可通过对线路依次施加相关的加载条件并逐步增加相关的操作来实现，例如不同角度方向的风速大小、输电导线覆冰层的重量，或冰和风组合作用，直到对第一个组件加载到其当前的性能。这是该组件的临界加载条件，该加载条件发生的概率可以表明该组件的可靠性水平及线路的故障概率。

鉴于事件具有可预测性，可以通过采取主动措施来管理由可预测事件引起的故障。

3.6 不可预测事件

不可预测事件只能通过被动措施来管理，因为主动措施在降低此类事件发生概率方面并不具有经济性。特别是自然灾害，如飓风、旋风或台风、龙卷风、大范围冰冻或暴风雨、洪水、地震和滑坡，幸运的是这些灾害很少发生。如果发生这些灾害，可能导致架空输电线路的地基遭到彻底破坏，并对线路通道沿线的地形产生破坏性影响和重大改变。

必须使用直觉、判断、经验及数据库中的可用信息来确定因不可预知事件导致的故障概率。因此，在不确定的情况下，概率的确定是基于主观因素的，而不是在客观的基础上。总的来说，可预测和不可预测事件的特性见表 3-2。

表 3–2　可预测和不可预测事件的特性
（CIGRE 绿皮书 OHL，第 17 章）

类别	故障原因	
	可预测事件	不可预测事件
故障概率	相对较高	相对较低
避免故障发生的经济方法	确实存在	不存在
主动措施	具有经济性	不具有经济性
如果采取适当措施，OHTL	将在事件中幸存下来	将无法在事件中幸存
被动措施	可能取决于经济性评估	从经济角度降低风险的唯一机会

3.7 资产管理流程

为了决定最大限度地减少投资期间年度支出净现值的适当办法，必须建立一个信息系统和程序。图 3-1 是以 OHTL 资产管理决策的活动流程图形式，展示了一个理想化的过程。该过程的关键是收集相关数据，具体将在下文中介绍。

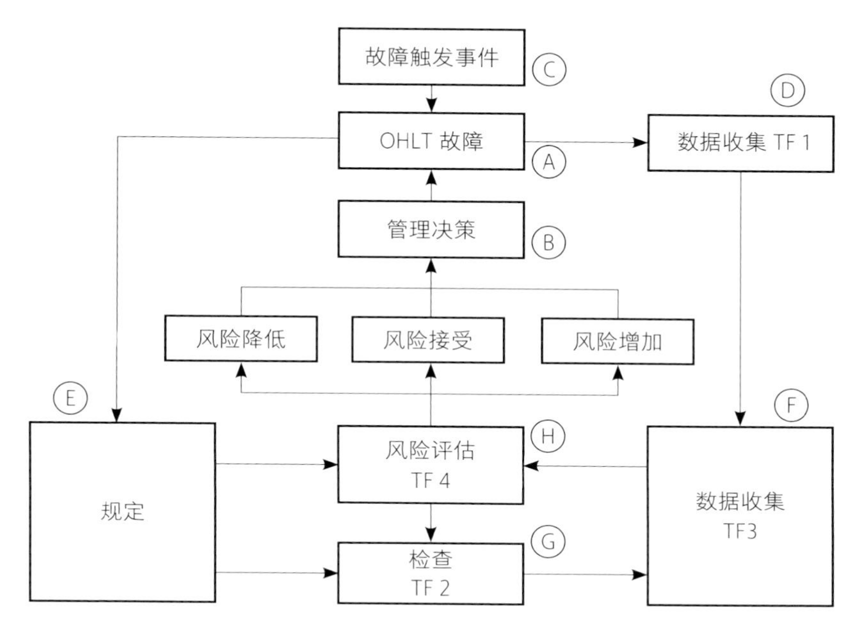

图 3-1　OHTL 资产管理流程图（CIGRE 绿皮书，OHL，第 17 章）

3.8 数据收集

为了保证能够进行适当的故障或缺陷分析，应建立一个资产数据库。该数据库应是清晰明确的，并且包含（但不限于）已建资产数据、历史维护和运营数据，以及（在故障发生时）事件前、事件中、事件后信息和历史成本数据。下文提及的数据对于任何输电线数据库都很重要，并且进行准确的标记，以便查找。最后，数据库应包括运营成本和持续时间，以及更换线路段、组件及元件的成本。

3.9 已建资产数据

已建资产数据应基于三个层次进行收集：

- 线路和回路；
- 线路组件；
- 组件元件。

存储在三个层次上的数据允许对以下情况依次进行分析和比较：

- 线路性能；
- 组件状况；
- 元件状况。

3.10 历史数据

架空输电线路上有三种不同类型的历史数据：

- 历史措施，例如：
  ——更换或增高支撑物或线路的一部分（例如，因修建铁路引起的），第二回路架线等；
  ——维修或喷漆、寿命延长、翻新、增容、升级等。
- 历史事件，如故障、强迫停运等。
- 对定期检查报告中登记的资产缺陷进行的观察和测量。

3.11 事件前数据

- 设计标准及适用的制造和施工标准；
- 竣工/建设的数据，包括所有组件、元件、制造商、调试日期及位置；
- 所有检查和维护记录，包括任何组件或元件的位置、日期、检查、劣化、变化或修改；

- 任何翻新、增容或升级；
- 沿线的气候和污染条件；
- 任何以往事件的数据；
- 战略应急物资及设备库存。

3.12 事件数据

- 事件记录机构。
- 事件开始的确切时间。
- 必须区分线路手动跳闸、自动跳闸、自动重合闸成功的自动跳闸或再合闸不成功的自动跳闸（闭锁）。
- 气候条件，如风、降水和覆冰，以及影响线路的污染，均应进行描述。
- 标称电压。
- 事件发生前的瞬时负载电流和预估的故障电流。
- 所涉及电路的名称和代码，动臂、悬架、绝缘体、导体、接地线、阻尼器、垫片等。
- 操作、接通、断开或工作时发生的故障。
- 通过手动或保护装置断开。
- 因电气现象、二次安装、保护功能不全、操作或切换错误、控制区域外原因导致断电。
- 电气现象或缺陷的原因：

——不可预见的外部原因，如相邻电网故障、用户故障、极端天气条件、火灾、蓄意破坏、鸟类、起重机等（如果与天气有关，则估计或测量故障点的风和/或冰值，以及从附近气象站的记录值）；

——内部原因，包括磨损、老化、变形，施工、材料、组装、制造及调整不良等；

——操作方面，如过载、切换或测试错误、维护不良或不足、保护和控制操作不当；

——由业主或代表业主在线路内或线路下进行的工作。

- 涉及故障部件 / 元件或其他类似部件 / 元件，测量、外部专家意见、事故报告、维修或更换计划的制订，成本分析，以及任何必要的持续调查活动。
- 维修工作的确切开始时间。
- 维修工作的确切完成时间。
- 重新投入生产的确切时间。

3.13 事件后数据

显然，每一个导致线路断开的故障或缺陷都应进行适当的分析。该分析旨在找出原因，并检测涉及的某种类型的组件或元件可能存在的缺陷、磨损等，以便在其他安装点采取措施。数据库中应明确记录调查结果和采取的措施。至少要提到以下几个方面：

- 报告机构；
- 故障时间；
- 涉及电路的名称和代码；
- 故障组件；
- 故障元件；
- 生产厂家及型号，运行年限；
- 电压等级；
- 故障发生时的状况与原始设计标准（即污染、机械负荷或电气负载）的比较；

- 材料；
- 损坏程度描述，包括照片；
- 损坏表现形式描述，包括照片；
- 损坏原因的确定；
- 需采取的措施及行动计划。

此外，还必须记录因特定故障产生的费用，特别是：

- 因未交付电量而造成的收益损失；
- 电网损耗增加的成本；
- 切换操作成本；
- 客户索赔或罚款；
- 调查费用；
- 聘请专家的费用；
- 修复的总费用，包括人力、设备、材料及外部合同。

3.14 数据存储

目前，使用电子数据库系统是存储、查阅、修改和提取数据的最方便工具。这种数据库允许建立关于线路性能及组件和元件状况的统计数据。为了简化数据收集和存储过程，建议提供检查清单，以便在检查结束后立即将检查结果存储到数据库中。每条记录数据的日期对于管理决策都很重要，因此必须包括在内。

显然，仅仅将数据记录在数据库中并不能提高数据的质量。其质量主要取决于收集检查信息的人员及采用的检查方法。两者都必须记录相应的日期以评估其质量和可靠性。指定谁负责输入数据、谁负责更新，具有同样的重要性。检查方法是决定数据质量的另一个重要因素。被检查项目与传感器之间的距离越长，数据可靠性就可能越低。

经验表明，过去架空输电线上的许多数据库都失效了。原因众所周知：庞大的数据库缺乏可靠的数据；人力收集、存储和维护数据缺乏积极性；输入和输出数据不太便捷，特别是缺乏明确的可接受范围或缺乏与其他数据库的集成。

一般而言，存储新输电线路的数据相对较为容易，但更新数据库却是一项挑战，可能需要相当大的成本。如果数据库进行了更新，必须确保其方便用于新输电线路的设计，如同其用于旧输电线路改造一样。

3.15 架空线路翻新实例

CIGRE 技术手册（CIGRE WG B2.13）在示例 3-1 中给出了一个案例研究，该研究旨在解决如何确定翻新老化的格构式镀锌钢输电线路（一条 100km 长的输电线路，使用寿命约为 47 年）的可选投资时机。如前几节所述，钢结构件的腐蚀等老化过程会降低结构承受与天气有关应力的能力。通用老化过程如图 3-2 所示（CIGRE WG C1.1）。

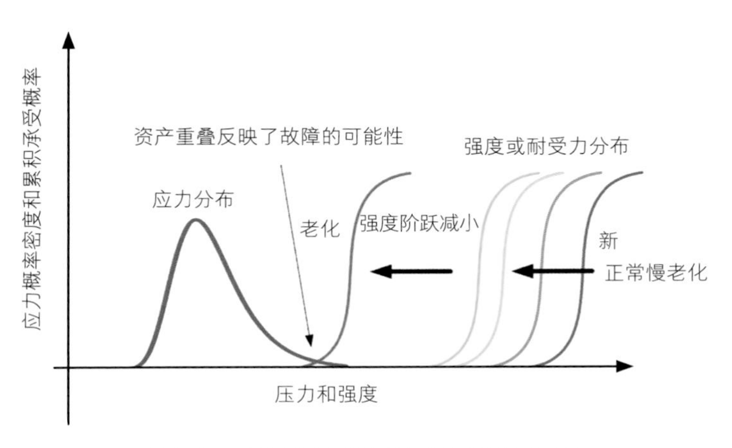

图 3-2　故障概率随着老化进程增加示意图

在这种情况下，由于腐蚀造成结构件强度降低，输电塔的强度分布缓慢向左移动，连接发生松动。这些缓慢的过程逐渐降低了输电塔在大风和冰暴等罕见极端事件中荷载相关的承受能力，这些通过应力统计分布图的右侧尾部表示。风和冰造成的老化过程及机械荷载是不均匀的，因此故障可能会发生在单个输电塔上，根据环境和输电塔的设计，单个输电塔故障可能引发一连串的后果，最终导致多个输电塔故障。

随着老化过程的持续，应力分布与强度分布之间的重叠增加，其卷积由相应的风险率函数表示，如图 3-3 所示。

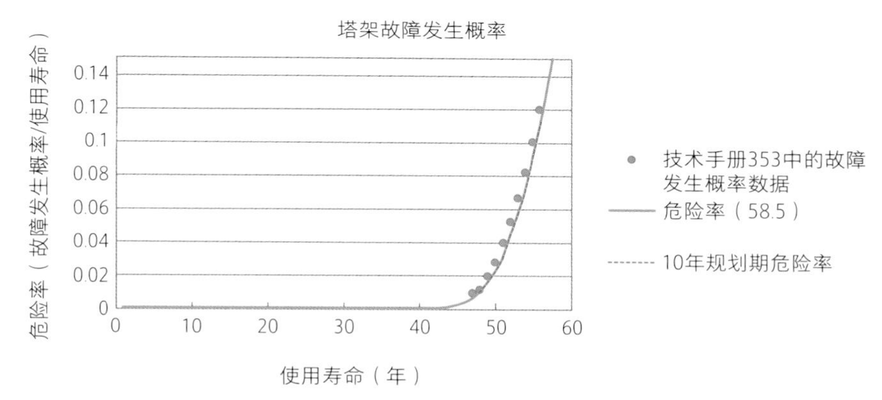

图 3-3　TB353 中拟合的风险率函数（突出显示了该风险率函数从使用寿命 47 年开始的 15 年）

在该示例中，资产管理者担心，如果不对这条线路进行翻新，其很可能会发生故障。目前发生一次故障的成本估计为 1000 万美元，包括维修和停电成本。目前正在考虑三个选项：

（1）对输电塔进行喷漆翻新，整条输电线路涉及费用为 1000 万美元；

（2）通过更换选定的钢材以及对结构进行喷漆来翻新结构，费用为 2000 万美元；

（3）最后一种选择是不作为，不做任何投资，但要接受与故障相关的风险。

资产管理者还希望考虑翻新的时机，即立即投资，或将投资推迟 5 年、10 年或更长时间。根据未来几年的故障概率数据及该线路目前的使用寿命，在这种情况下，规划期超过 10 年似乎不太可能。在《电网资产管理方法研究》* 第 8 章所述的 NPV 方法应用于本例，如图 3-4 所示。如预期的那样，在 15 年规划期后的故障概率为负，说明考虑 15 年规划期并不现实，因为线路使用寿命很长。10 年规划期内的可选翻新投资的结果如图 3-5 所示。

正如预期的那样，在规划期内，两种投资方案的延期所节省的资本成本有所增加。但潜在输电线路故障的风险成本显著增加，超过了任何一种 5 年延期方案的节省成本。“不作为”是最糟糕的选择，而立即喷漆的整体风险成本最低。

这些结果对输入假设很敏感。例如，如果这条线路是输电电网的一部分，具有较高的发电容量裕度和可靠性设计，并且允许持续停电，则停电成本很可能为零。然而，在这种情况下，投资输电线路的决定可能涉及超出本例所提供假设的因素。需要考虑该输电线路的其

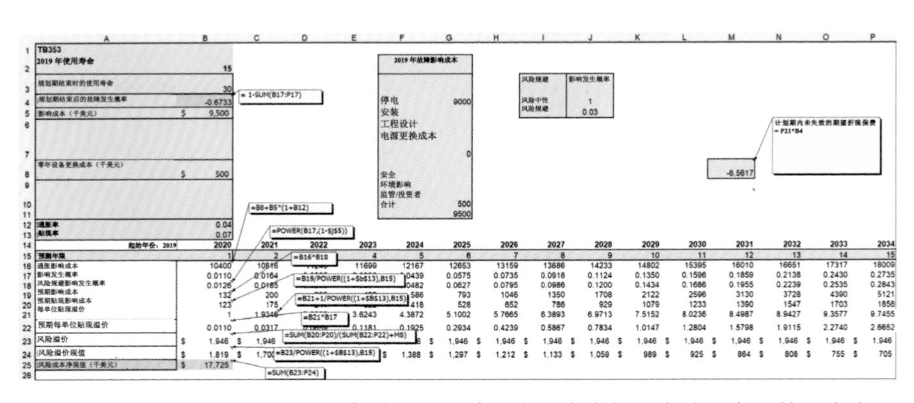

图 3-4　NPV（年度支出净现值）计算示例（《电网资产管理方法研究》第 8 章中所述带注释的 Excel 电子表格适用于本示例的基本情况）

* 译者注　《电网资产：投资、管理、方法与实践》第 1 部分。

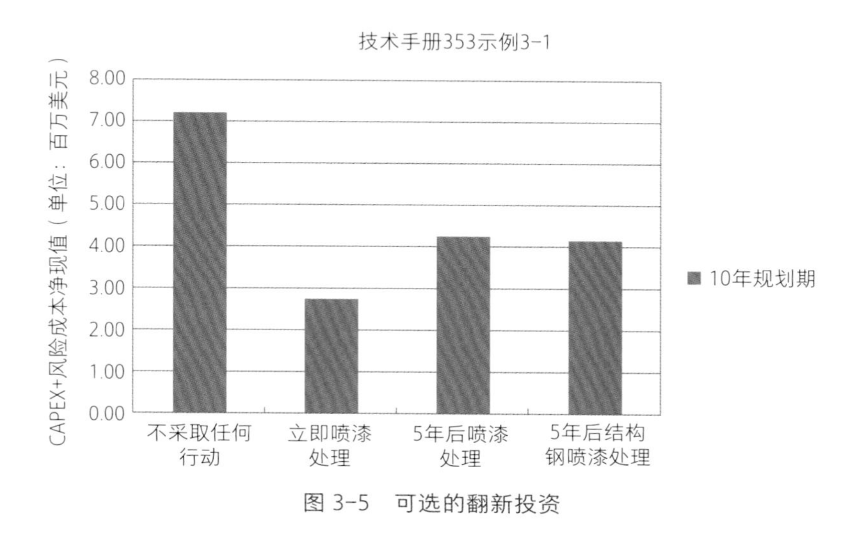

图 3-5　可选的翻新投资

他组件（基础、架空电线、导体、绝缘）的状况，以及与整体系统开发计划相关的未来系统需要，特别是与本输电线路的长期计划相关的需求。

参考文献

[1] CIGRE WG 22.13, Management of existing overhead transmission lines, TB 175 Dec.2000.

[2] CIGRE WG C1.1 Asset management of transmission systems and associated activities, TB 309 December 2006.

[3] CIGRE WG B2.13, Guidelines for Increased Utilization of Existing Overhead Transmission Lines TB 353 2008.

[4] ISO, Asset management - Overview, principles and terminology, 2014.

康斯坦丁·O·帕帕里乌（Konstantin O. Papailiou）拥有苏黎世联邦理工学院（ETH）的博士学位和博士后讲师资格，他还是德累斯顿工业大学的“高压架空线路”专业的教授。2011年年底退休之前，他曾担任 Pfisterer Group 的首席执行官，并于2010年至2016年担任 CIGRE 架空线路专业委员会（SC B2）的主席。他发表了大量论文，并与人合著了 EPRI 橙皮书《风致导体运动》以及一本关于《硅复合绝缘子》的参考书。他还是第一本 CIGRE 绿皮书《架空线路》的编者。

加里·L·福特（Gary L. Ford）在安大略水电和安大略发电公司工作了32年，主要从事变电站 GIS 开关设备、变压器、GIS 地下电缆以及概率与风险分析。2000年，福特（Ford）博士和两名同事共同成立了 Power Nex Associates Inc.——一家为电力公司提供资产管理、采购和决策支持领域的技术咨询服务的公司。他在 IEEE 和 CIGRE 上发表了其撰写和合著的论文60余篇。他的 IEEE 经验包括参与变电站委员会，CIGRE 的经验包括成员资格和积极参与几个工作组：23.02、B3.12、C1.1、C1.16、C1.25、C1.38、B3.38、D1.39，担任专业委员会 C1 有关资产管理方法的绿皮书的主编。

4 变压器维持投资方案

布莱恩・D・斯帕林（Brian D. Sparling）
加里・L・福特（Gary L. Ford）

布莱恩・D・斯帕林（B. D. Sparling）（✉）
澳大利亚动态评级公司（Dynamic Ratings Inc.；地址：墨尔本）
e-mail: brian.sparling@dynamicratings.com

加里・L・福特 (G.L.Ford) 等人
PowerNex Associates Inc.（加拿大安大略省多伦多市）

© 瑞士施普林格自然股份公司 (Springer Nature Switzerland) 2022
G. Ancell 等人 (eds.)，电网资产，CIGRE 绿皮书，
https://doi.org/10.1007/978-3-030-85514-7_13

目 录

4 变压器维持投资方案

摘 要

为了发挥远距离输电的经济性，大型电力变压器在电力系统中得到广泛应用，先通过发电站提高输电电压水平，然后在电力负荷中心附近将电压转换至最低水平。变压器是大多数公用事业公司最重要的一项资产投资。变压器均严格按照相关规范精心制造，并在使用中会得到精心操作和维护。尽管如此，变压器中所使用的材料会老化，机械强度和电气强度会有所下降。如果不采取任何维持措施，最终将会出现在役故障情况。对此，公用事业公司有多个维持方案。本章将围绕其中两个方案展开讨论，第一个方案是进行诊断监测系统投资，第二个方案是重大的中期翻新投资。诊断监测方案通常适用于人们认为接近报废的各种变压器（如升压变压器、自耦变压器或关键电力负荷变压器）。中期翻新适用范围更大，包括运行 20~30 年的变压器，具体应视应用情况而论。

如《电网资产管理方法研究》* 第 6 章所述，作为“运营资产管理”职能的一部分，在对相对较少的特定资产作出短期资产管理决策，或如《电网资产管理方法研究》第 7 章所述，作为“战术资产管理”职能的一部分，在对变压器群体形成大范围企业政策的制定依据时，可能会考虑采用上述两个方案。

---

* 译者注 《电网资产：投资、管理、方法与实践》第 1 部分。

本章将从 CIGRE 早期技术手册和会议文件中的诊断监测投资和中期翻新投资相关示例和案例研究进行介绍。按照《电网资产管理方法研究》第 8 章所述基于风险的商业案例分析方法对这些案例研究进行补充说明和更新，从而产生有助于指导投资决策的相关结果。

4.1 引言

变压器的预期使用寿命为 40 年、50 年、60 年或更长时间，具体取决于自身应用、设计、负载和维护情况。对于技术手册 738（CIGRE WG D1.53）和技术手册 761（CIGRE WG A2.49）中详细描述的不可逆老化过程，逐渐出现各种“症状”是一件在所难免的事情，并且基于对在役故障风险不断增加的担忧，资产管理者需要考虑作出一系列的资产维持方案，但这些方案或多或少都会涉及 OPEX（运营支出）或 CAPEX（成本支出）投资问题。技术手册 248《变压器管理经济学指南》（CIGRE WG A2.20）针对风险分析和决策过程（见图 4-1 决策流程图）提供了相关指导。

技术手册 248 通过描述资产投资决策“规范模型”的方式对这一过程进行了扩充说明。以下决策流程图描述了资产管理者在决定整体维修与更换单个单元或成组单元时可作出的各种战略性再投资方案。该模型的预期用途是供资产管理者关注所需数据和信息，以便对故障或问题单元作出合理决策（见图 4-2）。

虽然这种流程图为分析与决策提供了一个有用的框架，但在发布时，在具体案例研究中实际处理这种流程图所需的数据和信息仍然存在问题。例如，在商业规划期内建立的故障数据和更重要的故障发生概率数据仍然很少或不可用，并且基于风险的投资方法和政策目标等概念正在努力推广中。除了决定是否需要替换变压器外，资产管理者

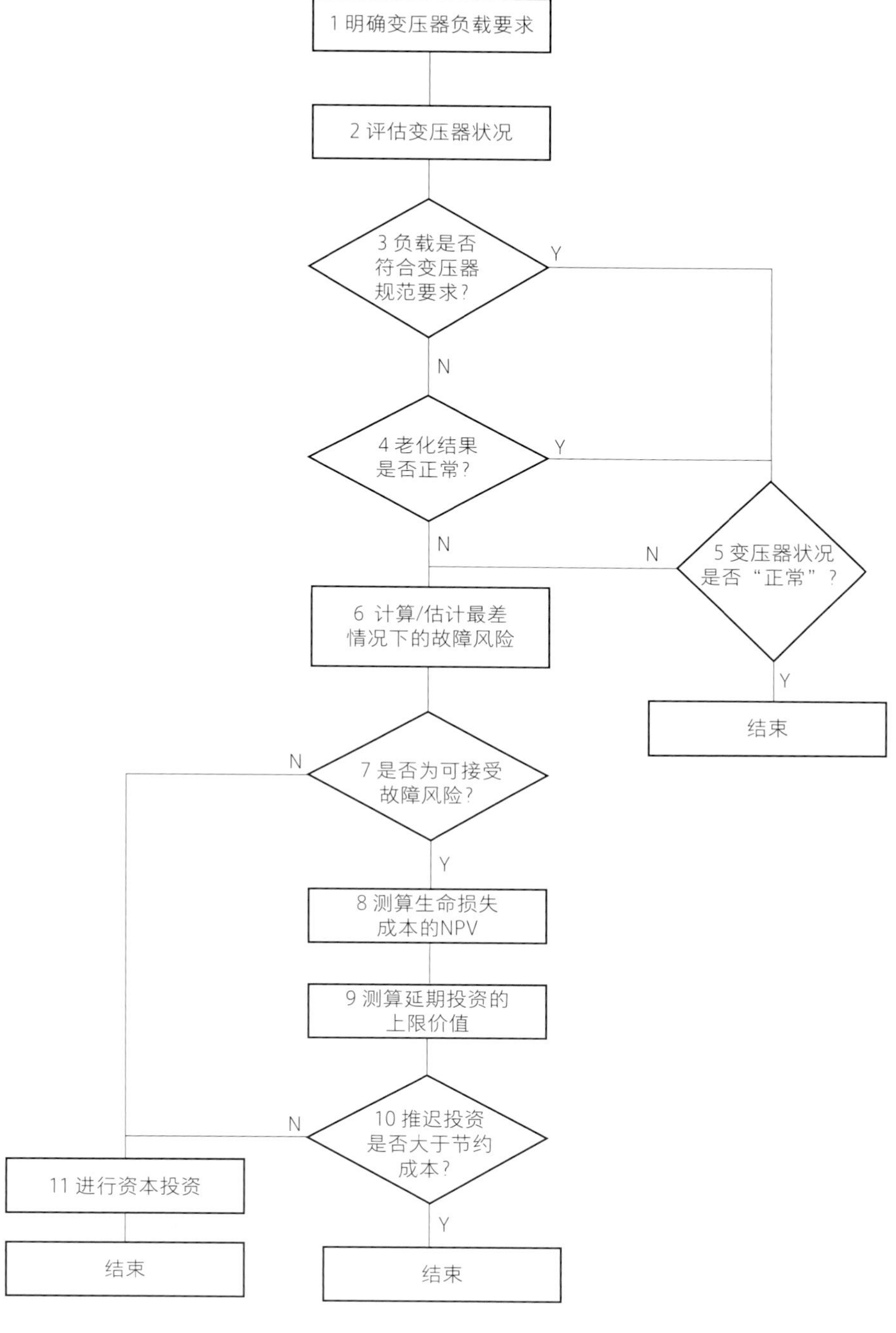

图 4-1　决策流程图（技术手册 248 中基于变压器负载不断增加所使用的决策模型）

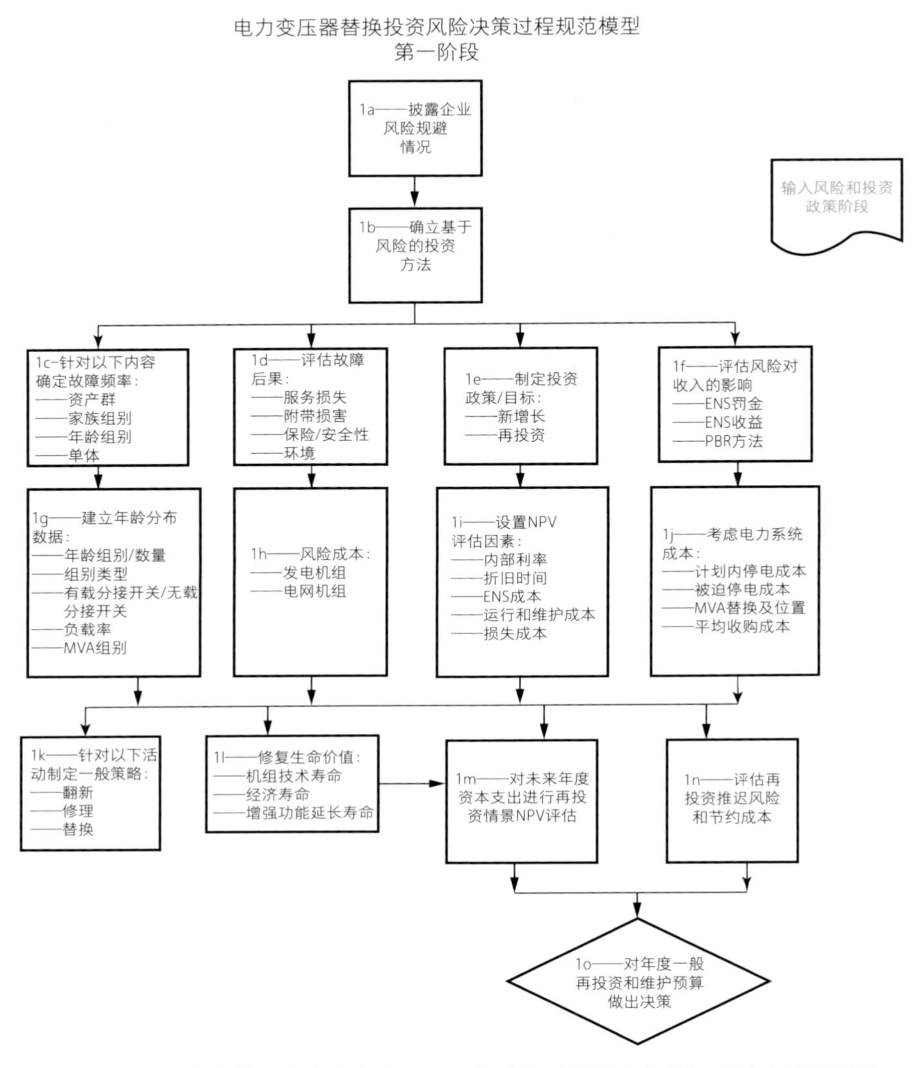

图 4-2 描述资产管理者在作出变压器更换决策时需要考虑的问题的决策流程图（技术手册 248）

还需要确定何时安排替换。对于资产管理者来说，不仅需要考虑完成工作所需资源的可及性和必要的电力系统中断的可及性，而且需要对推迟资本支出所节约的成本与因在役故障而不断增加的风险进行平衡。当材料出现不可逆变化时，变压器就会发生老化，这使其承受电力系统应力的能力会相应下降，因此，故障发生概率会随着使用年限的增加而增加（相关说明见图 4-3）。虽然 CAPEX 支出的潜在节约有所推迟，但如果发生在役故障，货币化风险也会增加，并且在诸多情况下，规划期都会存在一个主动替换的最佳时机。

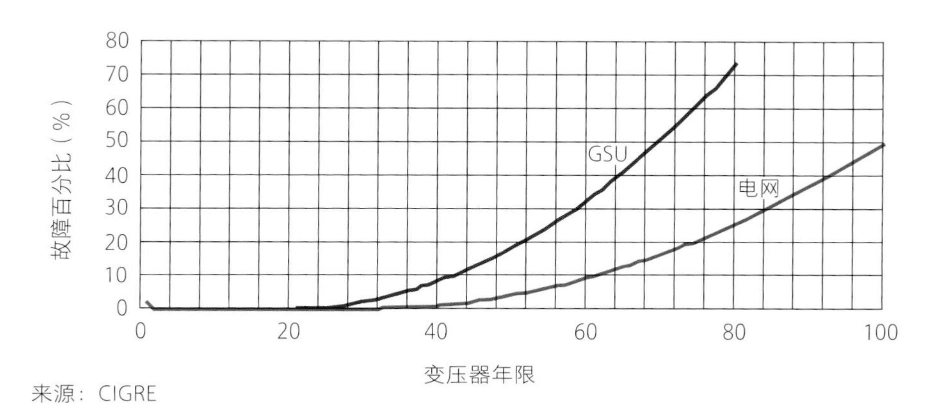

来源：CIGRE

图 4-3　两种常见变压器所用典型危险率函数（CIGRE 工作组 C1.1）

最新版技术手册 761《变压器状况评估》为推断变压器状况的数据采集及分析方法提供了非常有用的指导，这反过来又为使用如《电网资产管理方法研究》* 第 8 章所述的危险率函数评估和规划期内的故障发生概率预测提供了改进依据。图 4-3 对技术手册 309 中这条基于行业经验的曲线进行了说明。技术手册 422（CIGRE WG C1.16）描述了如何通过分析公用事业数据的方式获得特定变压器群体的危险率函数，同时已发布了一种基于 IEC 或 IEEE 负载指南的方法［福特、雷基（Ford, Lackey），2016 年］，此方法通过变压器状况数据（含水量、含氧量）和负载历史记录来确定特定机组的危险率函数。

随着变压器接近正常假设的报废范围值，资产管理者开始考虑作出各种报废管理方案。譬如，需要考虑和分析通过增加维护、修理、

* **译者注** 《电网资产：投资、管理、方法与实践》第 1 部分。

翻新或最终替换或其他方案（如实施高级诊断、动态热监测或减少负载等）来延长使用寿命的投资。令人担忧的是，随着变压器进入危险率函数的上升期，其故障发生概率将逐年增加，更重要的是，在货币化 KPI 影响方面，对企业风险暴露的影响也在增加。因此，为减少或缓解这种风险而进行的成本效益投资值得人们的关注，需要通过相关风险商业案例进行定量分析。本案例研究包括两个这样的案例，第一个案例是对先进的诊断监测系统的投资，第二个案例是一个可选的中期翻新的投资。

4.2 在线诊断监测系统投资

在线诊断监测系统可以在足够早的阶段以足够的可靠性识别潜在故障过程，从而能够作出避免变压器发生故障，和 / 或确定变压器寿命终止的运行决策。

技术手册 248 通过某一案例研究对这项工作的开展过程进行了描述。

技术手册 248 中的状况监测示例

近年来，不断涌现出可对变压器各种参数进行在线监测和数据记录的设备。与 10 多年前这种数据采集设备的成本和可用性相比，如今，诸多此类参数均能够进行经济有效的监测。以下为变压器管理者在确定对所控制的部分或全部变压器进行在线监测时需要考虑的因素：

- 设备可靠性和维护成本；
- 提高可靠性或潜在故障早期检测的效益；

- 设备安装与培训成本；
- 减少保险成本：
- 确定变压器状况的额外信息的未来效益；
- 信息价值；
- 数据存档及检索成本（信息技术负担）。

有人提出通过部分经济模型评估这种在线监测系统的成本 / 效益，以及这种系统减少变压器在役故障率的能力。在潜在故障早期检测方面，公认程度最高的一个效益是有时可大大节约修理成本。实施监测的目的是试图防止发生任何灾难性重大故障，并将这些故障转化为可按照停电计划进行低成本修理的故障。

为评估在线监测的经济性，首先需要对在线监测和非在线监测这两种情况下的故障发生概率进行考虑。为充分估计故障发生概率，最简单的一种方法是建立故障发生概率树。图 4-4 为两个故障发生概率树，一个用于没有在线监测的变压器故障，另一个用于有在线监测的变压器故障。图中相关数字只是用于说明，不一定会成为经济评估时的首选数据。应使用用户自身的经验和文献综述来提供百分比数据（发生概率）。

为对在线监测成本 / 效益进行经济评估，一种可行方法是将所有故障发生概率和实际支出转化为年化成本。此方法说明见以下示例：

示例：

- 重大故障维修成本 *150 万欧元。
- 灾难性故障翻倍成本（300%）* 450 万欧元。
- 早期检测故障修理成本与大修成本比值（20%）30 万欧元。
- 在线监测系统（假设使用寿命为 20 年）：

——系统成本 4 万欧元；

——安装成本 5000 欧元；

——维护成本（年度）1000 欧元。

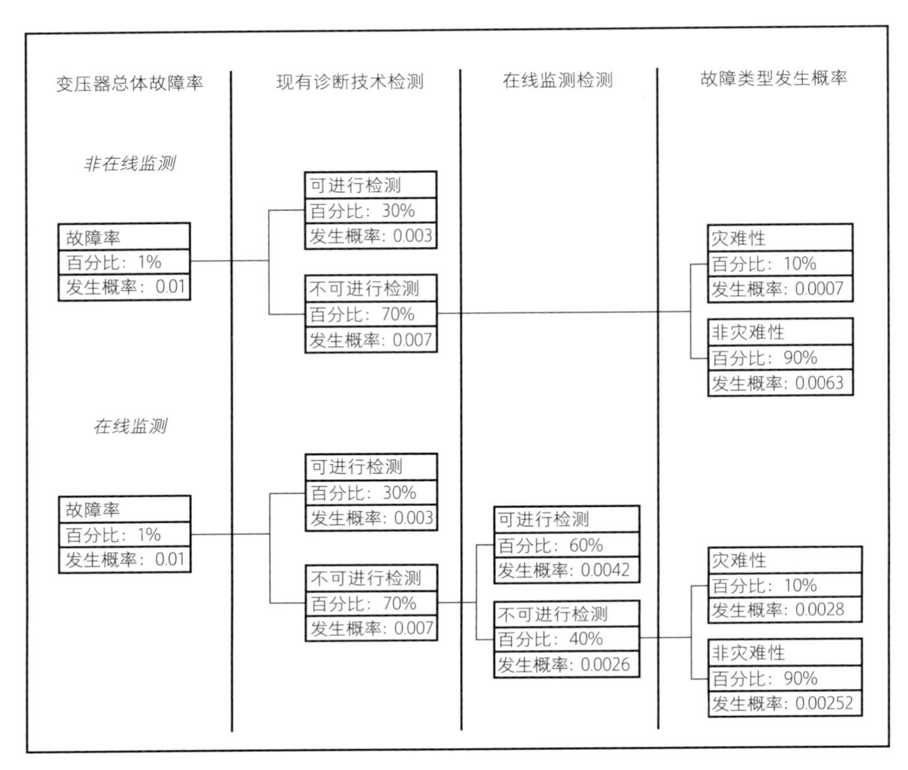

图 4-4　技术手册 248 中的故障发生概率树

（* 重大故障需要从现场拆除变压器，损害除了包含在设备本体内，灾难性故障还会包括非常重大的附带损害）。

可根据上述成本和估计的故障发生概率进行如下成本比较（之所以不包括通过现有技术检出的潜在故障修理成本，是因为这两种情况下的成本相同）：

非在线监测

重大故障 9450 欧元（150 万欧元 ×0.0063）

灾难性故障 3150 欧元（450 万欧元 ×0.0007）

年度成本 1.26 万欧元

在线监测

重大故障 3780 欧元（150 万欧元 × 0.00252）

灾难性故障 1260 欧元（450 万欧元 × 0.00028）

早期检测故障修理成本 1260 欧元（30 万欧元 × 0.0042）

监测系统成本 2250 欧元（4.5 万欧元 ÷ 20）

监测系统维护成本 1000 欧元

年度成本 9550 欧元

在线监测年度效益 3050 欧元

假设在规划期内的故障发生概率保持恒定，可在净现值的基础之上对年度节约成本进行总估计，以比较规划期预计的节约成本和监测系统投资的资本成本。

虽然本示例提供了第一个近似值，但该值是基于规划期内的固定故障发生概率。然而，如图 4-3 中的两个危险率函数所示，随着变压器在使用过程中不断老化，故障发生概率会有所增加。因此，这种方法需要进行扩充，不仅要包括规划期内不断增加的故障发生概率，还要包括对规划期内财务风险成本的详细考虑。下一节将介绍本示例所用的《电网资产管理方法研究》* 第 8 章所述相关方法。

变压器可通过诊断监测功能提供极其重要的数据，但它并不能防止所有故障（CIGRE WG B3.12）。某些故障机制几乎瞬时运作，或至少是在极短的时间内运作，致使无法采取任何操作行动来防止在役故障。因此，高级诊断监测系统并不能将在役故障风险降为零，所以，部分有限故障风险将仍然存在。图 4-5 为某一通过常规例行测试和检查以及其他常规设备（未配备高级诊断监测系统）进行管理的变压器“故障树”。

* 译者注 《电网资产：投资、管理、方法与实践》第 1 部分。

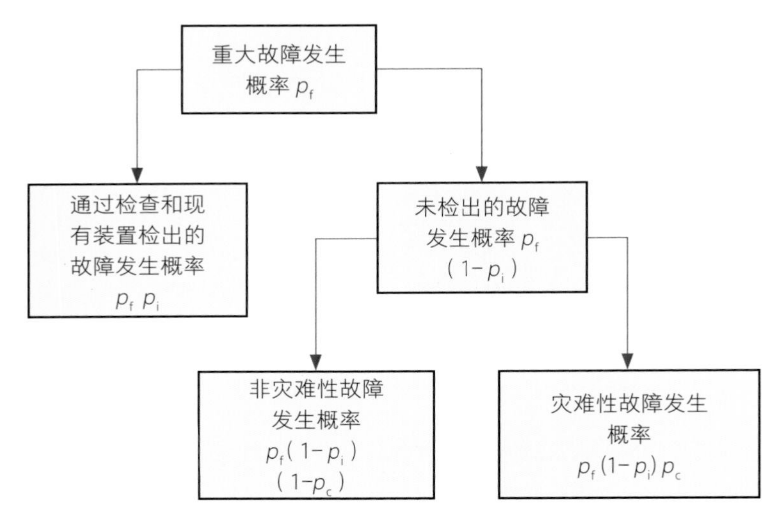

图 4-5 非监测系统变压器“故障树”［斯帕林、奥宾（Sparling, Aubin）等人；布雷肯里奇（Breckenridge）］

此图表明，如果变压器的某一重大故障过程处于活动状态，出现的结果将是，要么通过例行测试和检查或其他常规装置发现该重大故障，要么变压器发生在役故障。对于在役故障所造成的影响，从正常保护系统可以清除的简单故障，到出现导致油箱破裂、漏油、碎瓷片和重大火灾的高冲击性或灾难性事件不等。在发生故障的情况下，出现灾难性故障的条件的概率数据尽管比较有限，但仍可根据 CIGRE 和 IEEE 的相关出版物获得 0.4 的估计值（CIGRE WG 12.05、IEEE 变压器分委会）。CIGRE 通过调查提供了在套管、分接开关或内部引发的变压器重大故障的比例数据，而 IEEE 出版物提供了因套管、分接开关或内部原因故障导致变压器油箱破裂的比率数据。在按照条件概率法结合这两组数据的情况下，便能获得 0.4 的灾难性故障发生概率。换言之，这些公布的数据表明，在发生重大故障的情况下，40% 的变压器都会因为油箱破裂和 / 或火灾而失效。

对于配备高级诊断监测系统的变压器，如图 4-6 所示，“故障树”图在一定程度上进行了扩展，以将监测的有效性纳入考虑范围之内。

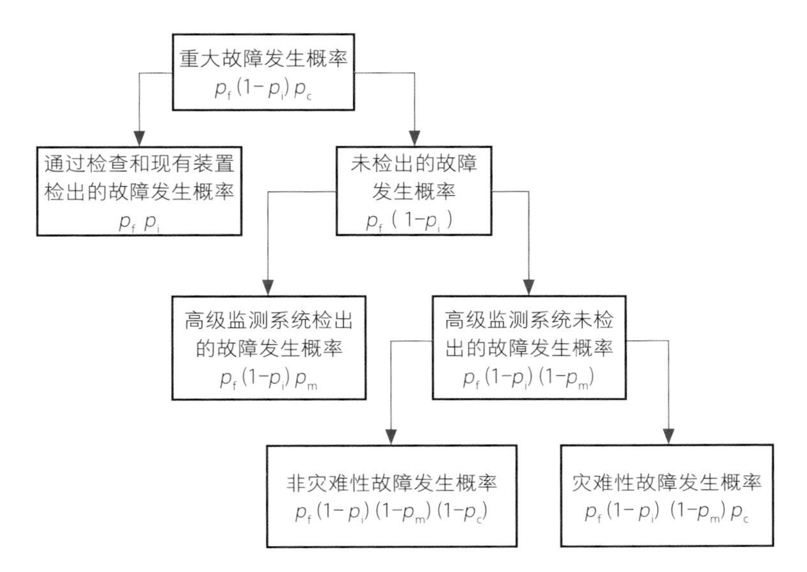

图 4-6　配备高级监测系统的变压器“故障树”[斯帕林、奥宾(Sparling, Aubin)等人; 布雷肯里奇（ Breckenridge ）]

在高级监测系统“故障树”中，出现四种相互排斥的结果状态，反映出不同的故障发生概率和不同的故障后果成本。后果成本从风险评估角度来看，其中三种状态的故障后果相对温和，而有一种状态的故障后果是灾难性的。各状态风险（预期影响——图 4-7 高亮标绿显示的行）均根据这些状态的发生概率与出现这些状态时的货币化影响的乘积进行计算。

对于《电网资产管理方法研究》* 第 8 章所述电子表格（一个用于非在线监测案例，一个用于在线监测案例），均可根据“故障树”关系和风险商业案例分析结果进行制作。图 4-7 为“故障树”逻辑中所示的概率和用电子表格实现的发生概率之间的关系。

* 译者注 《电网资产：投资、管理、方法与实践》第 1 部分。

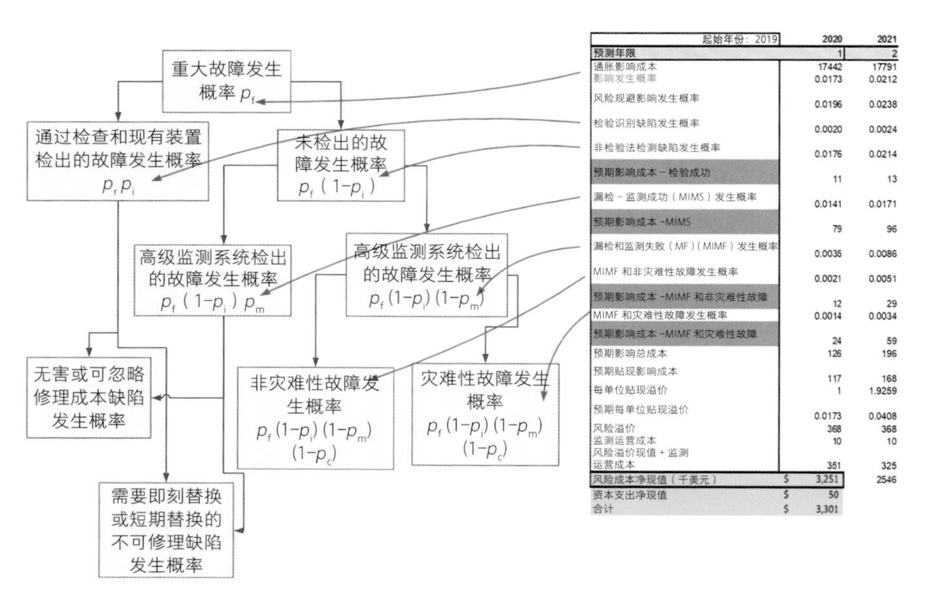

起始年份：2019		2020	2021
预测年限		1	2
通胀影响成本		17442	17791
影响发生概率		0.0173	0.0212
风险规避影响发生概率		0.0196	0.0238
检验识别缺陷发生概率		0.0020	0.0024
非检验法检测缺陷发生概率		0.0176	0.0214
预期影响成本 – 检验成功		11	13
漏检 – 监测成功（MIMS）发生概率		0.0141	0.0171
预期影响成本 –MIMS		79	96
漏检和监测失败（MF）（MIMF）发生概率		0.0035	0.0086
MIMF 和非灾难性故障发生概率		0.0021	0.0051
预期影响成本 –MIMF 和非灾难性故障		12	29
MIMF 和灾难性故障发生概率		0.0014	0.0034
预期影响成本 –MIMF 和灾难性故障		24	59
预期影响总成本		126	196
预期贴现影响成本		117	168
每单位贴现溢价		1	1.9259
预期每单位贴现溢价		0.0173	0.0408
风险溢价		368	368
监测运营成本		10	10
风险溢价现值 + 监测运营成本		351	325
风险成本净现值（千美元）	$	3,251	2546
资本支出净现值	$	50	
合计	$	3,301	

图 4-7　风险商业案例电子表格中的“故障树”逻辑实现

虽然这种电子表格的大部分制作工作都是直接基于对风险进行简单分析（将故障发生概率数据乘以后果成本数据），但纳入企业可能强制要求的风险规避水平和基于精算的风险溢价时，计算会变得较为复杂。相关方面的描述详见《电网资产管理方法研究》第 8 章。

与不投资并继续使用常规装置和检查方案相比，这两个电子表格可逐步用于确定在各种使用寿命时间点通过高级诊断监测系统投资所实现的风险下降净现值。此外，也可考虑通过监测系统投资方式减少风险，以便推迟进行资产替换投资。如图 4-8 所示，针对计划外停电成本非常高的某一大型发电站发电机主输出变压器（GSU 服务期限分别 30 年、40 年），通过两个示例说明对这种资产管理方案分析的结果情况。这两个示例比较了在 15 年规划周期“照现状”运行机组的方案，和立即或未来按 3 年时间间隔增量进行机组替换的方案。这两个示例提供了使用监测系统和未配备监测系统的机组运行情况的结果。

结果表明，无论是否配备监测系统，“照现状”运行机组的基础

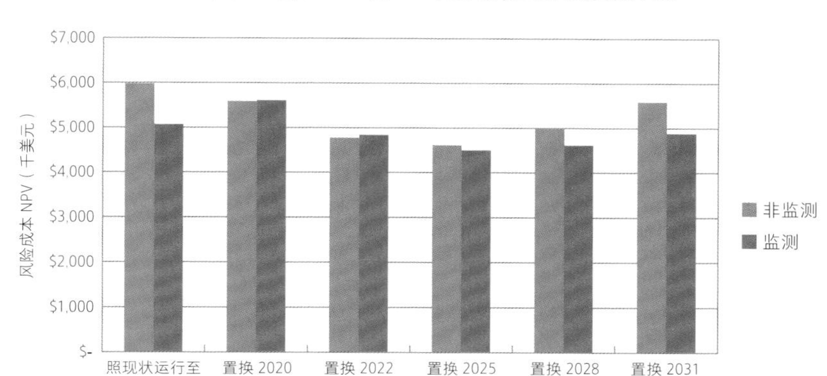

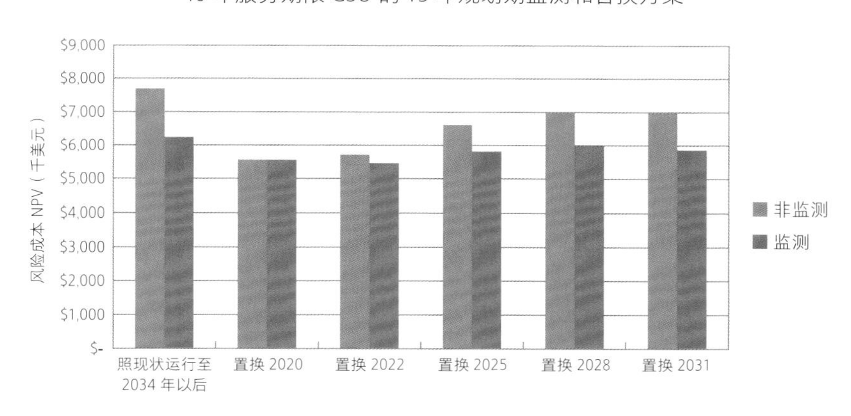

图 4-8　GSU 变压器的 15 年规划期监测和替换方案（假设通过监测和检查检出的 30% 的缺陷可修复，成本可忽略不计，而剩下的 70% 不可修复，需要立即或近期进行变压器替换）

选项都是一种最差的方案。然而，在几乎所有情况下，与未配备监测系统的方案相比，配备监测系统的方案都降低了风险。值得注意的是，如上所述，也可通过监测系统投资方式来支持推迟资产替换投资。譬如，上述结果表明，在 2019 年，30 年服务年限的 GSU 最佳替换时间为 2025 年。如果超出该时间点，因继续运行机组而产生的风险成本增长速度将超出进一步推迟替换投资所节约的成本增长速度。

如《电网资产管理方法研究》* 第 8 章所述，这些结果明显取决于净现值计算中所用的财务参数，特别是通胀率与贴现率之间的差异。

虽然在人们看来，用于产生这些结果的输入数据代表性较为合理，但如果超出对本案例研究示例的特定数据假设范围，这些结果则不适用。图 4-9 提供了“故障树”逻辑图中的发生概率分割假设值、通胀率和贴现率、后果成本以及其他输入数据参数。

发电机升压变压器		
2019 年使用寿命		40
监测运行 规划期故障发生概率	$	0.5638
影响成本（千美元） 未监测或监测失败	$	14,100
影响成本（千美元）– 监测成功	$	2,600
零年设备更换成本（千美元）	$	3,000
例行检验有效性		0.1
监测有效性		0.8
灾难性故障率		0.4
通胀率		0.02
贴现率		0.08

2019 年监测成功情况下的故障影响成本（千美元）		2019 年未监测或监测失败情况下的故障影响成本（千美元）	
停电	2000	停电	10000
安装	500	安装	500
工程设计	100	工程设计	100
替换	0	替换	0
安全		安全	1000
环境影响		环境影响	1500
投资者		投资者	1000
合计	2600	合计	14100

风险	发生概率
风险中性	1
风险规避	0.03
风险极力规避	0.5

2019 年运营成本	10

图 4-9　通过图 4-5 中案例研究示例结果进行假设的输入数据

4.3 变压器中期翻新投资

在本案例研究中所提到的技术手册 248 提供了两个示例，比较了重建故障变压器与替换变压器的方案。然而，这些示例并未涉及在役故障风险和诸多其他复杂因素。尽管如此，布雷肯里奇（Breckenridge）仍通过 CIGRE 一般性会议文件 [布雷肯里奇（Breckenridge），2002 年] 对监测系统和中期翻新示例都进行了一番说明。下一节将介绍中期翻新示例，并按照《电网资产管理方法研究》* 第 8 章所述方法将该示例扩展至各种现行方法。

所发布的示例框架及说明 [布雷肯里奇（Breckenridge），2002 年] 如下文。

---

* **译者注**　《电网资产：投资、管理、方法与实践》第 1 部分。

中期翻新

考虑一个使用寿命已达 30 年的变压器案例。虽然诊断监测系统可能无明确故障指示，但变压器可能会出现使用老化的迹象。譬如，变压器油可能逐渐出现酸化或电阻率下降情况，抑或是油中含水量可能逐渐变得过大。从长远角度，当变压器出现上述状况不佳的迹象时，可能会让人担心变压器的预期使用寿命缩短。

假设有一种有助于变压器恢复到可接受状况的补救措施，那么我们如何证明这一补救措施所产生的必要支出的合理性？对这种老化资产花多少钱才算合理？预防过早发生故障都有哪些经济效益？任何此类翻新措施的效益情况，都可以通过延长预期使用寿命和推迟资本支出的方式得以体现。假设一直需要变压器提供功能，则在变压器出现故障时，必须进行变压器替换。

假设通常情况下变压器的平均使用寿命为 55 年，最早出现不可靠的时间为第 40 年，可根据此情景构建“正常”故障发生概率分布图。

现在，让我们来分析一个正在考虑进行中期翻新的变压器案例。我们可以合理进行如下推测：除非开展此工作，否则，变压器的平均预期使用寿命可能会缩短 10~45 年，并从 30 年开始，提前出现不可靠的情况。

在确定了需要翻新的变压器和具有正常预期使用寿命的变压器的潜在故障发生概率分布后，则可计算翻新可能带来的效益。如果认为发生故障的年份，需要完全承担替换成本，则可将各年故障发生概率乘以 NPV 相关系数，再对这些乘积进行相加，从而计算出两种情况下的 NPV 加权替换成本。这两种情况下的成本差异在于对资本投资延期价值的估计。

譬如，在上述两种情况下，需要翻新的变压器在第 50 年发生故障的概率会高出4%。在乘以7%贴现率的NPV相关系数之后，这相当于变压器在第50年的NPV潜在加权节约成本约为替换成本的1%。如果通过翻新方式可以恢复变压器的正常预期使用寿命，则可在变压器的潜在使用寿命期内对这些效益进行汇总，如果以NPV计算，估计节约成本约为替换成本的15%。

因此，上述分析结果表明，如果一台已经有30年使用寿命的变压器，能够从估计寿命缩短约为10年的情况下恢复为55年的预期使用寿命，则说明对该变压器所进行的重大中期翻新是较为合理。就可能的翻新成本而言，虽然可能会排除返工修理成本，但也会轻松证明在低成本措施（如换油或烘干）方面的支出较为合理。

OFGEM最近发表了一份题为“电力传输NOMs方法”的刊物（Ofgem），此刊物在NGET风险附录的第12页中进行了如下讨论：

当考虑某一确定时期内的一次性单一风险时，风险事件会存在两种预期结果（或者该风险会发生，导致全部后果成本；或者不会出现任何风险事件，导致零后果成本）。

因此，当存在大量风险集合时，在确定时期内根据风险汇总成本进行财务拨款的效果最佳。这是因为如果仅考虑少量风险，基于风险成本总和的财务准备金将大于或小于实际需要。

如本例所述，从[布雷肯里奇（Breckenridge），2002年]中的在役故障及其相关成本情况来看，在风险商业案例分析中，这个问题对公用事业公司的具体资产维持或替换投资决策非常重要。在商业案例分析过程中，公用事业公司的目标是比较不同投资方案中的成本与效益，以此确定最佳方案。对于考虑使用不同资产维持投资方案的公用事业公司，成本可能包括资本成本和/或维护或运营成本，而在作出投资决定时，这些成本的净现值取决于这些成本在规划期内的发生时间。这些成本需要与效益进行比较，通常是规避影响成本的一种方法。投资成本的净现值会在规划期内有所减少，而不投资的影响成本

（如额外修理成本、替换成本、计划外停电成本等）会在规划期内有所增加。尽管对投资成本和投资时机是确定的，但不投资的影响成本是需要评估的风险。通常情况下，在规划期内，公用事业公司会根据最佳可选干预措施以及最佳投资时机作出最优选择。由于确定这种最优选择对公用事业公司来说十分重要，因此，在风险商业案例分析过程中，需要将年度风险成本的现值相加，以此确定这些投资方案的期权总成本的 NPV。《电网资产管理方法研究》* 第 8 章将讲述如何做到这一点。

如图 4-10 所示，根据［布雷肯里奇（Breckenridge），2002 年］中的变压器平均预期使用寿命数据和最早发生不可靠的时间（平均值 -2σ）数据，我们可针对“不采取任何行动”方案、不翻新方案和翻新方案建立相应的危险率函数。

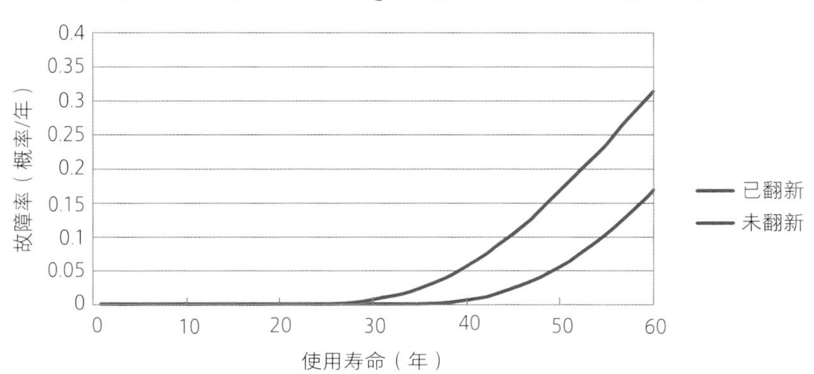

图 4-10　使用寿命为 30 年的重要关口——进行重大中期翻新是否更好？

图 4-11 和图 4-12 为针对“不采取任何行动”方案和翻新方案按照《电网资产管理方法研究》* 第 8 章所述精算方法进行财务分析的情况。

* **译者注** 《电网资产：投资、管理、方法与实践》第 1 部分。

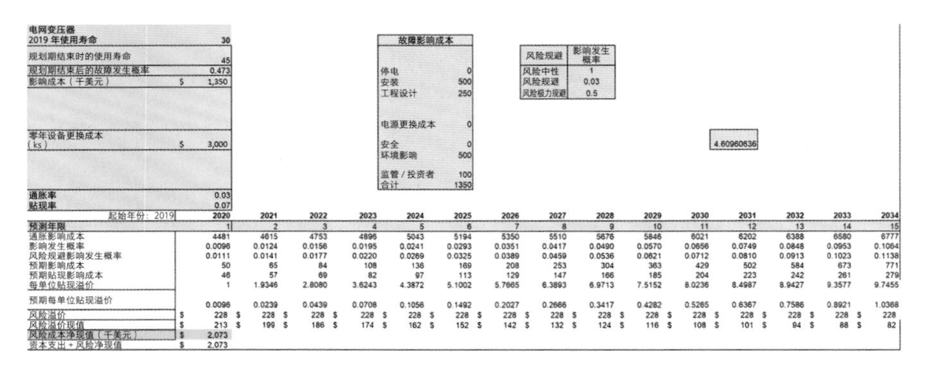

电网变压器		
2019 年使用寿命		30
规划期结束时的使用寿命		45
规划期结束后的故障发生概率		0.473
影响成本（千美元）	$	1,350
零年设备更换成本（ks）	$	3,000
通胀率		0.03
贴现率		0.07

故障影响成本	
停电	0
安装	500
工程设计	250
电源更换成本	0
安全	0
环境影响	500
监管 / 投资者	100
合计	1350

风险规避	影响发生概率
风险中性	1
风险规避	0.03
风险极力规避	0.5

4.60960636

起始年份：2019	2020	2021	2022	2023	2024	2025	2026	2027	2028	2029	2030	2031	2032	2033	2034
预测年限	1	2	3	4	5	6	7	8	9	10	11	12	13	14	15
通胀影响成本	4481	4615	4753	4896	5043	5194	5350	5510	5676	5846	6021	6202	6388	6580	6777
影响发生概率	0.0096	0.0124	0.0156	0.0195	0.0241	0.0293	0.0351	0.0417	0.0490	0.0570	0.0656	0.0749	0.0848	0.0953	0.1064
风险规避影响发生概率	0.0111	0.0141	0.0177	0.0220	0.0269	0.0325	0.0389	0.0459	0.0536	0.0621	0.0712	0.0810	0.0913	0.1023	0.1138
预期影响成本	50	65	84	108	136	169	208	253	304	363	429	502	584	673	771
预期贴现影响成本	46	57	69	82	97	113	129	147	166	185	204	223	242	261	279
每单位贴现溢价	1	1.9346	2.8080	3.6243	4.3872	5.1002	5.7665	6.3893	6.9713	7.5152	8.0236	8.4987	8.9427	9.3577	9.7455
预期每单位贴现溢价	0.0096	0.0239	0.0439	0.0708	0.1056	0.1492	0.2027	0.2666	0.3417	0.4282	0.5265	0.6367	0.7586	0.8921	1.0368
风险溢价	$ 228	$ 228	$ 228	$ 228	$ 228	$ 228	$ 228	$ 228	$ 228	$ 228	$ 228	$ 228	$ 228	$ 228	$ 228
风险溢价现值	$ 213	$ 199	$ 186	$ 174	$ 162	$ 152	$ 142	$ 132	$ 124	$ 116	$ 108	$ 101	$ 94	$ 88	$ 82
风险成本净现值（千美元）	$ 2,073														
资本支出 + 风险净现值	$ 2,073														

图 4-11　15 年规划期的“不采取任何行动”方案财务分析

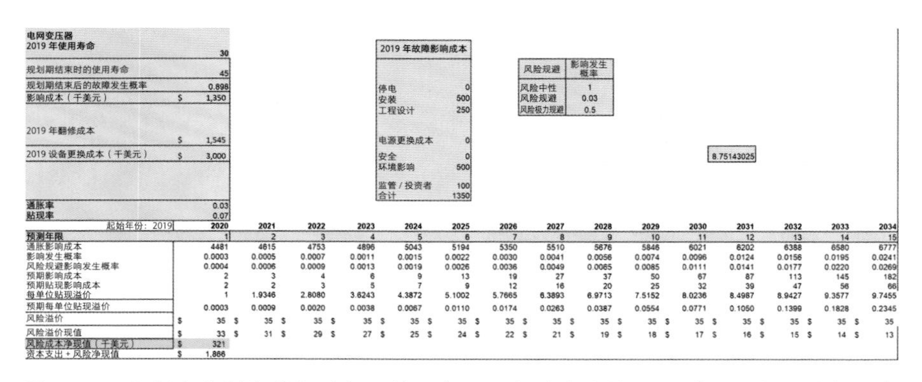

电网变压器		
2019 年使用寿命		30
规划期结束时的使用寿命		45
规划期结束后的故障发生概率		0.898
影响成本（千美元）	$	1,350
2019 年翻修成本	$	1,545
2019 设备更换成本（千美元）	$	3,000
通胀率		0.03
贴现率		0.07

2019 年故障影响成本	
停电	0
安装	500
工程设计	250
电源更换成本	0
安全	0
环境影响	500
监管 / 投资者	100
合计	1350

风险规避	影响发生概率
风险中性	1
风险规避	0.03
风险极力规避	0.5

8.75143025

起始年份：2019	2020	2021	2022	2023	2024	2025	2026	2027	2028	2029	2030	2031	2032	2033	2034
预测年限	1	2	3	4	5	6	7	8	9	10	11	12	13	14	15
通胀影响成本	4481	4615	4753	4896	5043	5194	5350	5510	5676	5846	6021	6202	6388	6580	6777
影响发生概率	0.0003	0.0005	0.0007	0.0011	0.0015	0.0022	0.0030	0.0041	0.0056	0.0074	0.0096	0.0124	0.0156	0.0195	0.0241
风险规避影响发生概率	0.0004	0.0006	0.0009	0.0013	0.0019	0.0026	0.0036	0.0049	0.0065	0.0085	0.0111	0.0141	0.0177	0.0220	0.0269
预期影响成本	2	3	4	6	9	13	19	27	37	50	67	87	113	145	182
预期贴现影响成本	2	2	3	5	7	9	12	16	20	25	32	39	47	56	66
每单位贴现溢价	1	1.9346	2.8080	3.6243	4.3872	5.1002	5.7665	6.3893	6.9713	7.5152	8.0236	8.4987	8.9427	9.3577	9.7455
预期每单位贴现溢价	0.0003	0.0009	0.0020	0.0038	0.0067	0.0110	0.0174	0.0263	0.0387	0.0554	0.0771	0.1050	0.1399	0.1828	0.2345
风险溢价	$ 35	$ 35	$ 35	$ 35	$ 35	$ 35	$ 35	$ 35	$ 35	$ 35	$ 35	$ 35	$ 35	$ 35	$ 35
风险溢价现值	$ 33	$ 31	$ 29	$ 27	$ 25	$ 24	$ 22	$ 21	$ 19	$ 18	$ 17	$ 16	$ 15	$ 14	$ 13
风险成本净现值（千美元）	$ 321														
资本支出 + 风险净现值	$ 1,866														

图 4-12　翻新方案财务分析（假设按照变压器新建成本的 50% 进行翻新成本投资）

该财务分析不仅包括变压器在规划期内发生故障时的直接替换成本，还包括进行替换时的工程和物流成本，以及后果成本（这种情况下，假设为溢油清理成本和与环境监管部门进行沟通的成本）。假设上述成本在规划期内均按照 3% 的通胀率进行增加。由此可见，这两种方案的主要区别在于规划期内的风险成本差异。这两种方案的净现值差异很大，使得翻新成本至少达到变压器新建成本的 50%。此外，如果在 25 年内不大可能降低系统需求，并假设变压器不发生在役故障，则可通过翻新投资推迟机组（对等）替换的资本支出，将其（从原来 45~55 年的使用寿命）延长 10 年，这将可能进一步节约 77.8 万美元的净现值。

参考文献

[1] Aubin, J., Bourgault, A., Rajotte, C., Gervais, P.: Profitability assessment of transformer on-line monitoring and periodic monitoring, EPRI Substation Equipment Diagnostics Conference, San Antonio Feb 17-20 2002.

[2] Breckenridge, T., et al.: The impact of economic and reliability considerations on decisions regarding the life management of power transformers, CIGRE Session 2002, paper 12-115.

[3] CIGRE WG A2.20, Guide on Economics of transformer management TB 248, 2004.

[4] CIGRE WG C1.1,Asset management of transmission systems and associated CIGRE activities, TB 309, 2006.

[5] CIGRE WG C1.16, Transmission Asset Risk Management, TB 422, 2010.

[6] CIGRE WG B3.12, Obtaining value from on-line substation condition monitoring, TB 462, 2011.

[7] CIGRE D1.53, Ageing of liquid impregnated cellulose for power transformers, TB738, 2018.

[8] CIGRE WG A2.49, Transformer Condition Assessment, TB 761, 2019.

[9] CIGRE WG 12.05, An international survey on failures in large power transformers in service, Electra No.88, pp21-48.

[10] Ford, G.L., Lackey, J.G.: Hazard Rate Model for Risk-based Asset Investment Decision Making, CIGRE 2016 Paper C1-106.

[11] IEEE: Transformer subcommittee, power transformer tank rupture and mitigation -a summary of current practice and knowledge. IEEE Trans. Power Deliv. 24(4), 1959-1967 (2009).

[12] Sparling, B.D.: Leverage monitoring and diagnostics to better manage transmission and distribution assets to meet financial objectives, Platts/Center for Business Intelligence, 3rd Annual T&D Asset Management Conference, August 2-3, 2004, in Chicago, IL.

布莱恩·D·斯帕林（Brian D. Sparling）既是IEEE的高级会员，也是动态评级公司（Dynamic Ratings Inc.）的高级技术顾问，并在电力变压器和配电变压器领域拥有20多年的工作经验。在过去的29年里，他一直致力于电力变压器的在线监测诊断和状况评估工作。

他所撰写和合著的技术论文超过33篇，并曾与加拿大电力协会、IEEE变压器分委会和CIGRÉ A2变压器分委会共著诸多指南和标准。

加里·L·福特（Gary L. Ford）在安大略水电和安大略发电公司工作了32年，主要从事变电站GIS开关设备、变压器、GIS地下电缆以及概率与风险分析。2000年，福特（Ford）博士和两名同事共同成立了Power Nex Associates Inc.——一家为电力公司提供资产管理、采购和决策支持领域的技术咨询服务公司。他在IEEE和CIGRE上发表了由其撰写和合著的论文60余篇。他的IEEE经验包括参与变电站委员会，CIGRE的经验包括成员资格和积极参与几个工作组：23.02、B3.12、C1.1、C1.16、C1.25、C1.38、B3.38，D1.39，最近担任C1有关资产管理方法的绿皮书的主编。

5 AusNet 变电站强化：保持对墨尔本东北部大都市的可靠供电

赫尔曼·德比尔（Herman De Beer）
安迪·迪金森（Andy Dickinson）

赫尔曼·德比尔（H. De Beer）（✉）
安迪·迪金森（A. Dickinson）
澳大利亚网络服务公司（AusNet Services）（地点：墨尔本）
e-mail: herman.debeer@ausnetservices.com.au

© 瑞士施普林格自然股份公司（Springer Nature Switzerland）2022
G. Ancell 等人 (eds.)，电网资产，CIGRE 绿皮书，
https://doi.org/10.1007/978-3-030-85514-7_14

目 录

摘　要

在审查资产规模统计数据和10年规划期预测需求时，澳大利亚电网的资产管理职能部门发现需要为其中一个大型城市变电站制定最佳投资计划，并确定了五个比较可靠的方案（包括退役一个变压器、分阶段替换变压器和断路器、实施综合替换计划）。根据澳大利亚能源监管机构（AER）的资产替换规划指南要求，澳大利亚电网开发了基于风险的资产投资分析方法，以此确定10年规划期内最经济的投资方案和最佳投资时机。

本案例研究将通过《电网资产管理方法研究》* 第7章“战术资产管理”中的一个典型示例展开叙述。此外，澳大利亚电网基于风险的资产投资分析在遵循AER指南的情况下还将说明一种可能被用作替代《电网资产管理方法研究》第8章所述方法的商业案例分析方法。因此，基于风险的商业案例分析方法的差异可能取决于监管影响，正如《电网资产管理方法研究》第2章中所讨论的。

* **译者注**　《电网资产：投资、管理、方法与实践》第1部分。

5.1 引言

坦普尔斯托终端变电站（Templestowe Terminal Station，TSTS）位于澳大利亚维多利亚州曼宁厄姆市议政厅仓库旁边的坦普尔斯托，由澳大利亚电网输电公司（澳大利亚公共事业服务公司）所有和运营。TSTS 于 1966 年首次投入使用，是向墨尔本东北部大都市大约 84000 家电力用户进行供电（见表 5-1）的主要输电连接点。TSTS 的供电区域跨度范围为北起艾森（Eltham），南至坎特伯雷（Canterbury），东起当威（Donvale），西至基尤（Kew）（见图 5-1）。

经澳大利亚公共事业服务公司确定，从 TSTS 的部分资产使用年龄和状况情况来看，与其让现有资产保持现役状态，还不如通过电网新建投资方案、非电网投资方案或电网新建投资和非电网投资的组合方案向 TSTS 的电力用户提供更加经济可靠的解决方案来得实际。

表 5-1　TSTS 供电电力用户数量和电力负荷结构

电力用户类型	电力用户数量	用电量（%）
住宅	79,397	61.39
商业	4244	30.97
工业	201	7.53
农业	81	0.12

在本案例研究中，对于满足服务要求和技术合规性要求的可靠解决方案，被视为是与已达到技术和经济使用寿命的资产有关的“一切照旧”方案和传统“对等”资产替换的替代方案。

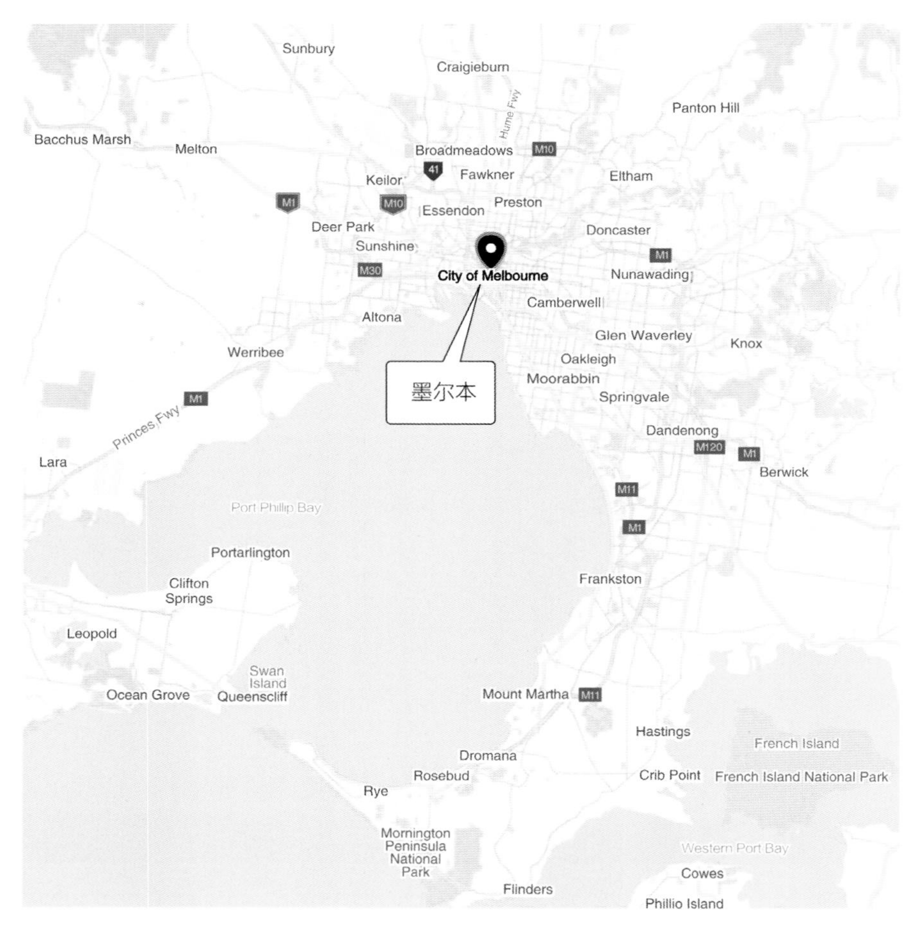

图 5-1　墨尔本市概览图

5.2 确定需求

TSTS 已经提供了超过 50 年的可靠电力供应。如今，TSTS 的资产状况恶化已经到了需要通过投资方式向墨尔本东北部大都市的电力用户继续进行安全可靠供电的程度。

根据澳大利亚能源市场运营商（AEMO）对墨尔本东北部大都市

的需求预测，这种需求持续增长，且经证实，该地区长期存在对可靠供电的需求。

对 TSTS 资产故障风险进行评估的结果表明，与让现有资产保持现役状态的“一切照旧（BAU）”方案相比，降低资产故障风险和运维成本的投资方案是一种更加经济的选项。因此，本案例研究的“确定需求”是指“保持对墨尔本东北部大都市的可靠供电”。

如图 5-2 所示，TSTS 基线风险进行量化分析的情况。基线风险包括以下货币化资产故障风险：

- 对于在电力用户可靠供电方面起着至关重要作用的资产，发生重大故障所带来的供电风险；
- 互感器、电力变压器套管或断路器发生爆炸性故障所带来的健康风险和安全风险；
- 由资产紧急（响应式）替换和修理引起的财务风险；

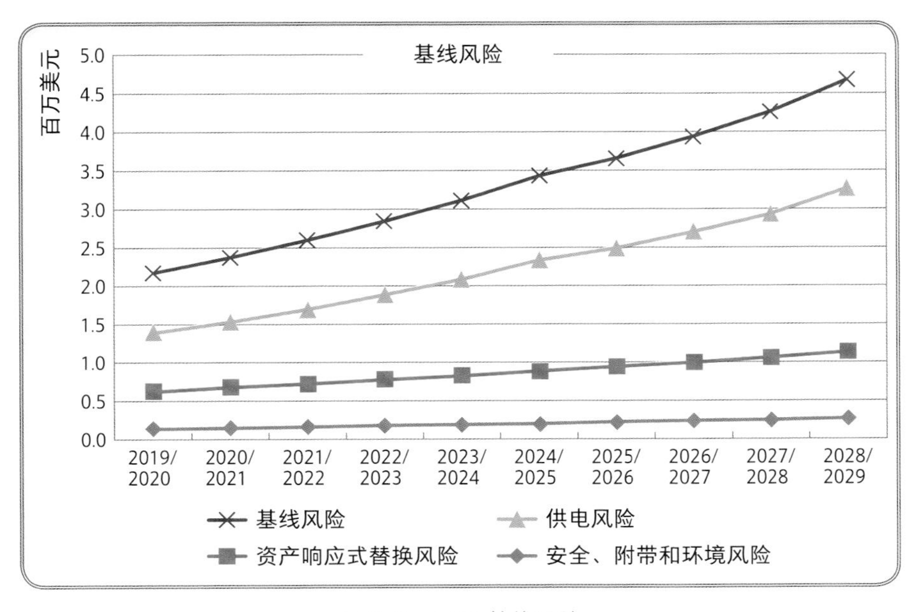

图 5-2　TSTS 基线风险

- 对于含有大量绝缘油的资产，发生故障所带来的环境风险；
- 资产发生灾难性故障，给相邻电厂带来的附带损害风险。

本案例研究将从供电服务经济性高于现有资产的有效性方面评估非电网方案和电网方案的技术可行性。

5.3 现有供电服务

终端变电站描述

作为 220/66kV 的终端变电站，TSTS 可为四个配电网运营商提供连接服务。约有 84000 家电力用户需由 TSTS 负责供电。

如图 5-3 所示，TSTS 坐落于东部大都市 220kV 环网范围之内，与托马斯顿终端变电站（TTS）和罗维尔终端变电站（ROTS）进行

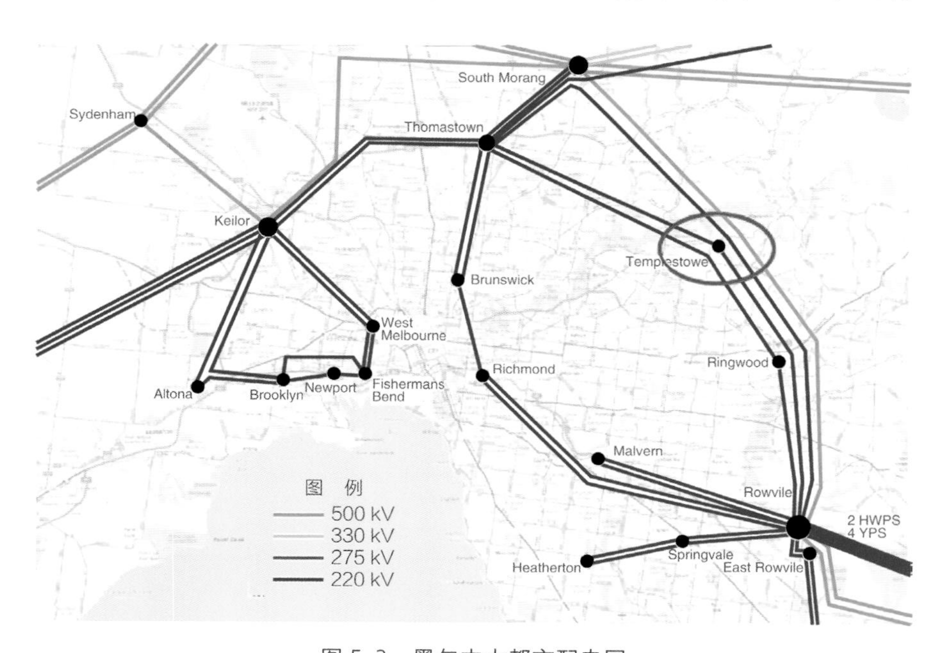

图 5-3 墨尔本大都市配电网

220kV 高压电连接。

这些配电网通过三台 150MVA 的 220/66kV 变压器和九条 66kV 配电馈线连接，实现 66kV 高压供电。TSTS 的 66kV 开关站包括三条母线、三条汇流排、九条馈线、一个 50MVA 电容器组。

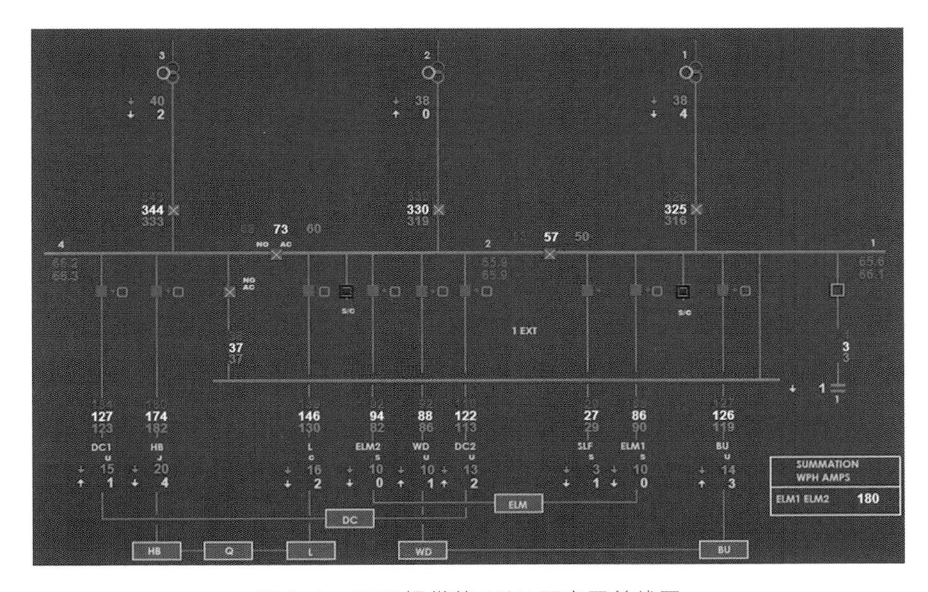

图 5-4　TSTS 提供的 66kV 配电网单线图

图 5-4 为 TSTS 66kV 开关站配置和 TSTS 66kV 配电网情况。

以下为 TSTS 的四个 66 kV 供电环网：

（1）唐卡斯特（Doncaster）区域变电站（DC）；

（2）海德堡—基尤—迪普丁（Deepdene）区域变电站（HB-Q-L）；

（3）西唐卡斯特—布林（Bulleen）区域变电站（WD-BU）；

（4）艾森区域变电站（ELM）。

5.4 资产状况和预测故障率

澳大利亚公共事业服务公司根据资产健康指数（C1~C5 量表）进行资产状况描述，而 C1-C5 的状况范围值在不同类型的资产中保持一致，并与剩余的服务潜力有关。表 5-2 对本案例研究中用于描述 TSTS 资产状况的资产状况评分进行了说明，而表 5-3 对 TSTS 主要设备状况进行了汇总。

澳大利亚公共事业服务公司通过双参数威布尔分布危险函数来估计某一资产在指定年份发生故障的概率，并根据资产状况评分建立基于状况的使用年龄，以便通过双参数威布尔分布危险函数 [$h(t)$]（见方程式 1）计算资产故障率。

表 5-2　状况评分和剩余服务潜力

状况评分	李克特量表	状况描述	行动建议	剩余服务潜力（%）
C1	非常良好	服务初始状况	无需额外采取任何特定行动，继续进行例行维护和状况监测	95
C2	良好	优于使用年龄下的正常状况		70
C3	一般	使用年龄下的正常状况		45
C4	较差	恶化后期	在 2~10 年内采取补救行动或进行替换	25
C5	极差	极端恶化即将报废	在 1~5 年内采取补救行动或进行替换	15

表 5-3　主要设备状况汇总

资产类别	C1	C2	C3	C4	C5
220kV 断路器		3	3		
220kV 电压互感器					
220kV 电流互感器					
电力变压器		1		2	
66kV 断路器		1	2		13
66kV 电压互感器					
66kV 电流互感器				6	

威布尔分布危险函数为

$$h(t) = \beta \cdot \frac{t^{\beta-1}}{\eta^{\beta}} \quad \text{（式 1）}$$

式中　t——状况使用年龄（年）；

η——特征寿命（Eta）；

β——形状参数（Beta）。

对主要的资产类别定义了危险函数，包括电力变压器、断路器和互感器。就变电站风险成本模型中的所有资产而言，均按照 3.5 的 Beta（β）值计算本案例研究的故障率。特征寿命表示该类资产总体的 63% 预计会发生故障的资产平均使用年龄。

状况使用年龄（t）取决于特定资产的具体使用情况和特征寿命（η）在本案例研究中，各个主要资产类别都会用到这两项参数。

5.5 未来服务要求

5.5.1 TSTS 需求预测和电力负荷持续时间曲线

2009 年夏季，在极端天气条件下，电力用户对 TSTS 的电力需求达到有记录以来的最高峰值，为 357.6MW（377.1MVA），而 2017/2018 年夏季的电力需求峰值为 340.2MW（353.6MVA）。于是，TSTS 连接了一台 1MW 以上容量的嵌入式发电机。

TSTS 是一个夏季调峰变电站，预测在规划期内的用电需求增长较为缓慢。图 5-5 为由 AEMO 编制的夏季超越概率 10%（POE10）和超越概率 50%（POE50）以及冬季 POE50 条件下的预测需求情况。❶

根据澳大利亚能源市场运营商（AEMO）需求预测，夏季 POE10 和 POE50 的预测需求年均增长率为 1%，与《2018 年输电连接点需求预测》所公布的结果相一致。

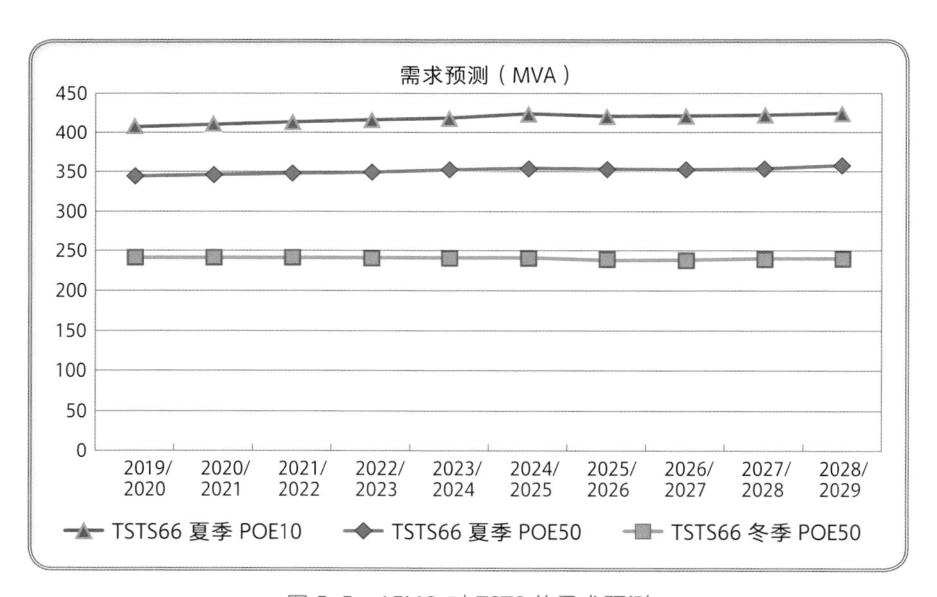

图 5-5　AEMO 对 TSTS 的需求预测

TSTS 的冬季和夏季电力负荷持续时间曲线情况如图 5-6 所示。

❶ 由于澳大利亚维多利亚州电力需求对环境温度比较敏感，因此，相关预测均基于每 10 年可能出现一次的极端温度（POE10）和每两年可能出现一次的夏季平均条件（POE50）预期需求。

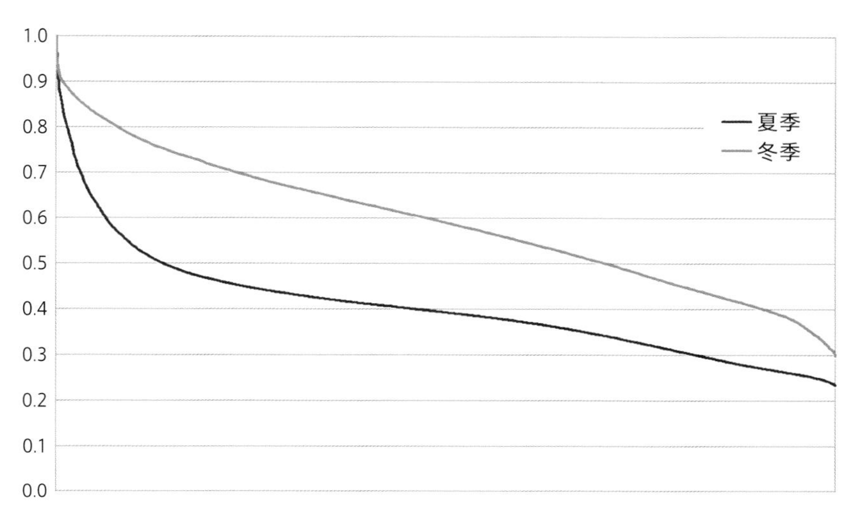

图 5-6　TSTS 夏季和冬季电力负荷持续时间曲线

5.5.2　TSTS 未来计划

在替换 TSTS 重大资产时，必须结合 TSTS 所制定的相关长期计划，并且不得影响供电安全或阻碍日后经济容量的增加。

可靠的方案应能够实现由 TSTS 所在地相关规划部门确定的以下 TSTS 的扩建计划：

- 开发 500kV，并改造 500/220kV；
- 新建第四台 150MVA 220/66kV 变压器；
- 另建两条 220kV 输电线路；
- 提供两条 66kV 馈线。

5.6　服务新约束

本节将概述案例研究中所用的规划假设，以及针对 TSTS 老化资产和恶化资产所确定的关键服务约束和货币化风险。

5.6.1 规划假设

为确保所定的首选方案能够解决已确定的需求问题，并最大限度地提高澳大利亚国家电力市场中所有电力生产商、电力用户和输电运营商的电力市场经济效益，本节进行了经济成本效益分析。

替代方案是根据“一切照旧（BAU）”的基础案例进行评估的，这时资产仍保持在役状态，故障风险不断增加。

对于基础案例的基线风险，可按照以下两种假设进行确定：

（1）资产可在详细分析期内生存（即基于状况的使用年龄会在整个分析期间有所增加）；

（2）长期存在资产需求［即如果某一资产发生故障，将可能替换（而非永久性停用）该资产］。

注：对这一假设进行检验时，可包括关于将其中一台变压器进行退役的方案。

所计算的基线风险包括以下风险：

- 供电风险成本；
- 安全风险成本；
- 财务风险成本；
- 环境风险成本；
- 附带损害风险成本。

以下各节将简要介绍上述风险的计算方法，并通过附录B对此进行详述。

5.6.2 供电风险成本

如果重大资产发生故障，则电力用户可能会面临供电中断的情况。对于这种供电风险成本，可根据以下内容进行计算：

- 根据需求预测估计可能出现重大设备停电事件的缺电量；
- 根据电力用户可靠性价值（VCR）评估缺电量价值；
- 根据资产基于状况的使用年龄确定资产故障率。

对于由澳大利亚能源市场运营商（AEMO）设置的 VCR，可衡量（以每兆瓦时美元计算）各类电力用户对享受可靠供电的重视程度。从 TSTS 电力负荷构成情况来看，可根据 35172 美元 /MWh 的 VCR 费率来评估供电风险。欲了解详细信息，参见附录 B。

5.6.3 安全风险成本

部分重大资产所表现出的故障模式，会致使资产发生爆炸性故障。当资产爆炸时，会对资产附近员工和公众带来安全风险。对于这种安全风险成本，可根据以下内容进行计算：

- 生命统计学价值；
- 误工伤害价值；
- 不相称性因数；
- 根据资产基于状况的使用年龄确定资产故障率；
- 产生后果的可能性（此为危险事件概率、人员在场概率和在场人员受伤概率的综合概率）。

参见附录 B.3 以了解详细信息。

5.6.4 财务风险成本

当资产发生故障时，假设进行资产替换，并根据澳大利亚能源监管机构（AER）的《行业实践应用说明 - 资产替换规划》第 5.1.2 节的规定来计算资产故障引起的财务后果。对于这一财务风险成本，可根据以下内容进行计算：

- 被动更换故障资产的替换成本；
- 根据资产基于状况的使用年龄确定资产故障率。

5.6.5 环境风险成本

对于部分含有绝缘油的重大资产，在发生故障时，这些资产可能会释放绝缘油。

对于这一环境风险成本，可根据以下内容进行计算：

- 大量使用绝缘油的发电厂带来的环境风险，每起环境事件的后果平均成本为 3 万美元；
- 含有多氯联苯（PCB）的油浸式变压器带来的环境风险，每起环境事件的后果平均成本为 10 万美元；
- 根据资产基于状况的使用年龄确定资产故障率；
- 资产发生故障后出现漏油的概率。

5.6.6 附带损害风险成本

如果资产发生爆炸性故障，或资产故障引发火灾，则可能会损害相邻资产。对于这一附带损害风险成本，可根据以下内容进行计算：

- 发电厂附带损害（包括随之而来的供电中断），每起事件平均后果成本为 100 万美元；

- 根据资产基于状况的使用年龄确定资产故障率；
- 资产发生故障后出现附带损害的概率。

5.7 基线风险和运维成本

5.7.1 供电安全风险

如果以下任何一项发生故障，则会带来供电风险：

- 66kV 母联断路器；
- 对同一 66kV 回路进行供电的两个 66kV 馈线断路器同时发生重大故障；
- 某一 66kV 变压器；
- 某一 220kV 互感器。

上述资产故障的供电风险成本如图 5-7 所示，即 66kV 和 220kV 切换供电风险。

此外，如果 TSTS 某一台、两台或全部三台变压器长时间停电，同样会给电力用户带来巨大的供电风险。如图 5-7 所示，开关设备故障和变压器故障（*N*–1、*N*–2 和 *N*–3 变压器计划外停电）的供电风险不断增加。

5.7.2 基线风险总成本

图 5-8 显示了重大资产发生故障对 TSTS 造成的基线风险年度成本情况，并说明 TSTS 重大资产发生故障后所带来的风险情况。

据预测，TSTS 的服务成本（资产故障风险和运营成本）将随着时间的推移逐渐增加，并且当前恶化资产可能不再成为对墨尔本东北

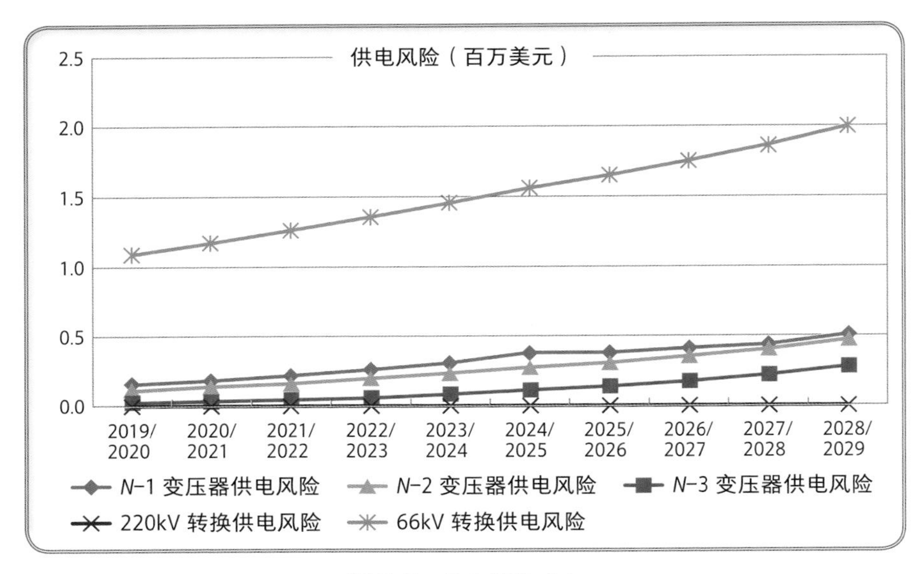

图 5-7　供电风险成本

部大都市进行供电的一种经济方案，主要原因在于变压器和开关设备状况不断恶化（见表 5-4）。

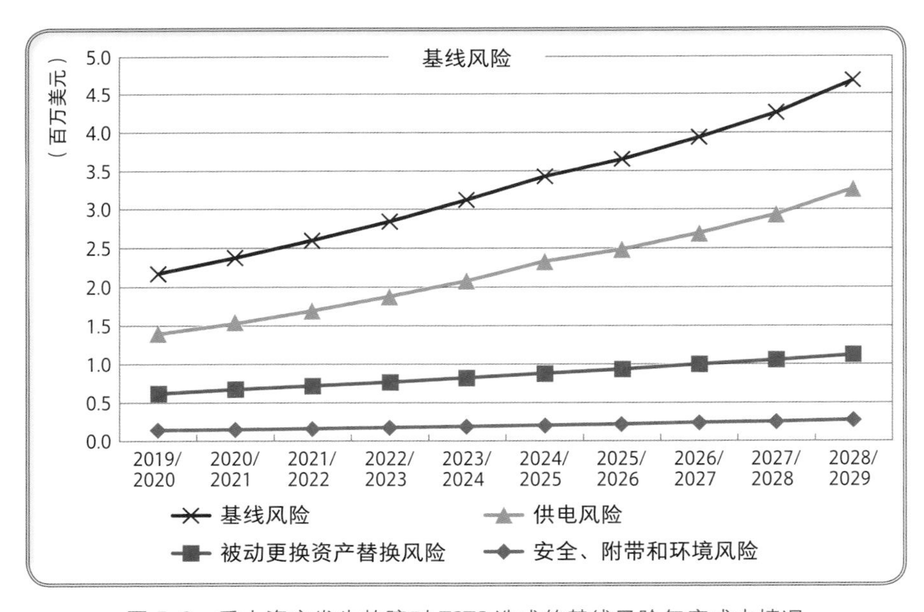

图 5-8　重大资产发生故障对 TSTS 造成的基线风险年度成本情况

表 5-4 TSTS 风险和运营成本

年份	2019/2020	2020/2021	2021/2022	2022/2023	2023/2024	2024/2025	2025/2026	2026/2027	2027/2028	2028/2029
年度风险成本（单位：百万美元）	2.18	2.38	2.61	2.85	3.12	3.44	3.67	3.95	4.27	4.68
年度运维成本和电网损耗（单位：百万美元）	0.31	0.31	0.31	0.31	0.32	0.32	0.32	0.32	0.32	0.32
总成本（单位：百万美元）	2.49	2.69	2.92	3.17	3.44	3.76	3.98	4.27	4.59	5.01

5.8 解决已确定需求的潜在可靠方案

5.8.1 经济成本效益分析

经济成本效益分析主要用于评估和排列为解决已确定需求问题而提出的各种可靠方案的经济效益。

在进行方案分析时，需要对“一切照旧”方案进行分析，以此代表基线风险。“一切照旧”方案可用于确定与继续推迟资产替换相比之下，提高其他方案经济性的条件。

各种方案的评估期均为 45 年，其中，12 年为最初详细评估期，另外 33 年为剩余评估期。

在详细评估期间，各重大资产基于状况的使用年龄可用于确定资产故障发生概率，以及由此带来的风险。

而在剩余评估期间，年度风险成本保持不变。剩余 33 年评估期内的风险成本现值可表示为第 13 年的单值，也就是说，可根据等于第 12 年[1] 风险成本的 33 年均匀序列风险成本计算残值。

附录 C 通过示例对此计算结果进行了说明。

经济分析通过比较各方案经济成本和经济效益的方式对这些方案进行排序，并确定首选方案的经济时机。经济分析的量化对象是各方案的资本成本、运维成本和风险成本。

对于经济评估的稳健性，可从以下几个方面通过敏感度分析法进行检验：

- 贴现率；
- VCR 率；
- 发电厂预测故障率；
- 需求增长情景。

经济成本效益分析包括以下步骤：

（1）对投资方案进行相互比较，以此确定在不同情景和输入假设下现值成本最低的方案，并通过情景分析法和敏感度分析法检验首选方案的稳健性；

（2）然后，选择在大多数情况下能够最大程度上实现净现值收益最大化的方案，以此作为经济性最优方案或首选方案；

（3）随后，将首选方案与基础方案进行比较，当投资方案产生经济净效益时，以此确定逐年投资（即投资方案成为一种更具经济性的选择，能够解决已确定需求问题，并满足服务要求）。这是通过观察具体在何年出现年度投资效益超出年度投资成本来实现的。

[1] 通常来说，在第 12 年之后，资产替换投资方案的风险成本和运营成本效益分析均相同。因此，在上述情况下，第 12 年之后的残值对该投资方案的选择无任何影响。

5.8.2 可靠方案

为确定经济性最优的解决方案，从而满足已确定的需求，可对以下方案进行评估：

（1）“一切照旧”（基础方案）；

（2）退役某一变压器；

（3）分阶段替换——推迟对某一变压器的替换投资；

（4）分阶段替换——推迟对 66kV 开关设备的替换投资；

（5）对空气绝缘开关设备（AIS）的综合重建。

5.8.3 方案 1 “一切照旧”（基础方案）

“一切照旧”（基础方案）虽不能视为可靠方案，但可用于衡量各方案的效益情况。

此方案代表了企业在让持续恶化的资产保持在役状态时所面临的风险成本和运维成本的增长。

5.8.4 方案 2 退役某一变压器

此方案主要评估对 TSTS 资产所提供服务的永久性需求。为检验这一点，可评估将某一变压器停运后可能带来的供电风险。

图 5-9 为将某一变压器停运后所带来的供电风险情况。较高的年度供电风险成本表明，该资产提供服务仍然是必须的，而且在没有解决方案的情况下，资产退役方案并不可靠。

这也验证了一种假设，即对资产存在永久性需求，而且一旦资产发生故障，将可能进行资产替换。

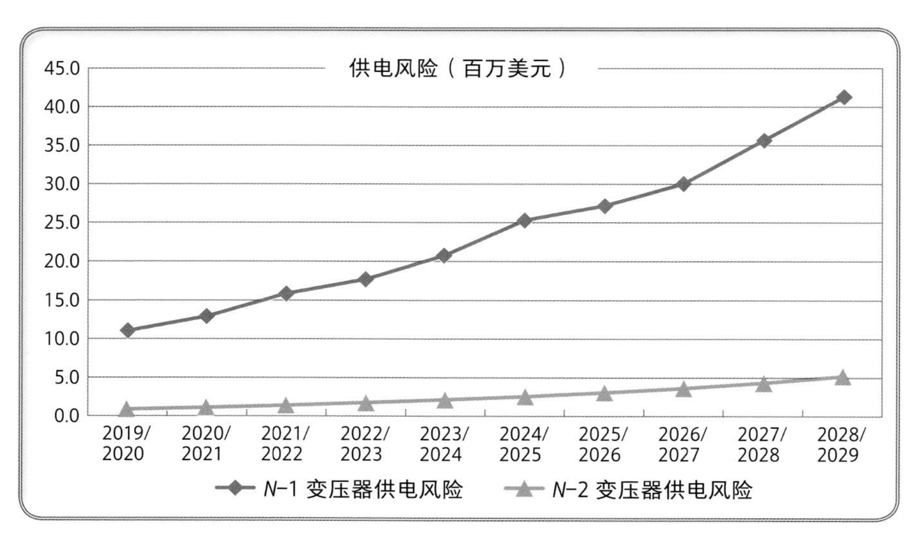

图 5-9　某一变压器退役后带来的变压器供电风险

5.8.5　方案 3　分阶段替换：推迟对某一变压器的替换投资

方案 3 为分阶段替换方案。在第一阶段，对除其中一台 220/66kV 变压器之外的所有老化资产进行替换；在第二阶段，于第一阶段完成后 5 年将剩余的 220/66kV 变压器进行替换。

根据此方案，投资成本、风险成本和运营成本的现值为 5520 万美元。

5.8.6　方案 4　分阶段替换：推迟对 66kV 断路器的替换投资

方案 4 为分阶段替换方案。在第一阶段，对除 66kV 开关设备之外的所有恶化资产进行替换；在第二阶段，于第一阶段完成后 5 年将 66kV 开关设备进行替换。

根据此方案，投资成本、风险成本和运营成本的现值为 5860万美元。

5.8.7 方案 5 综合替换

方案 5 包括单一综合项目中对 220/66kV 变压器和 66kV 开关设备的替换。

根据此方案，风险成本和运营成本的现值为 4990 万美元。

5.9 成本效益分析结果

5.9.1 经济方案

表 5-5 列出了在敏感度研究范围内的各可靠方案现值。就各敏感度研究而言，经济方案的现值最低。

在所进行的敏感度研究中，“综合替换”方案的现值成本最低，但这些研究根据下文提及的关键输入假设使用了各种值：贴现率、VCR 率、资产故障率、需求增长。

5.9.2 投资经济时机

下一步则是确定首选方案在什么条件下比基础案例更经济，以及具体在哪年投资会带来更经济的解决方案，以能够满足墨尔本东北部大都市电力用户的服务需求。

表 5-5 投资方案分析

	折现率		
	3.3%	5.9%	8.5%
综合替换	$56.649	$49.933	$44.284
分阶段替换——推迟对某一变压器的替换投资	$64.389	$55.214	$47.823
分阶段替换——推迟对 66kV 断路器的替换投资	$69.418	$58.571	$49.975
经济方案	综合替换	综合替换	综合替换

	VCR 率		
	低	基础率	高
综合替换	$48.296	$49.933	$51.570
分阶段替换——推迟对某一变压器的替换投资	$53.402	$55.214	$57.026
分阶段替换——推迟对 66kV 断路器的替换投资	$54.982	$58.571	$62.160
经济方案	综合替换	综合替换	综合替换

	资产故障率		
	低	基础率	高
综合替换	$47.205	$49.933	$52.831
分阶段替换——推迟对某一变压器的替换投资	$51.988	$55.214	$58.626
分阶段替换——推迟对 66kV 断路器的替换投资	$53.205	$58.571	$64.163
经济方案	综合替换	综合替换	综合替换

	需求增长		
	低	基础率	高
综合替换	$46.690	$49.933	$58.733
分阶段替换——推迟对某一变压器的替换投资	$51.293	$55.214	$66.486
分阶段替换——推迟对 66kV 断路器的替换投资	$53.968	$58.571	$69.394
经济方案	综合替换	综合替换	综合替换

在经济上谨慎高效的资产退役时间是指拟用方案所产生的年度收益超出其年化成本的年份[1]。图 5-10 体现了首选方案风险下降情况。

[1] AER 行业实践应用说明:《资产替换规划》, 2019 年 1 月, 第 37 页。

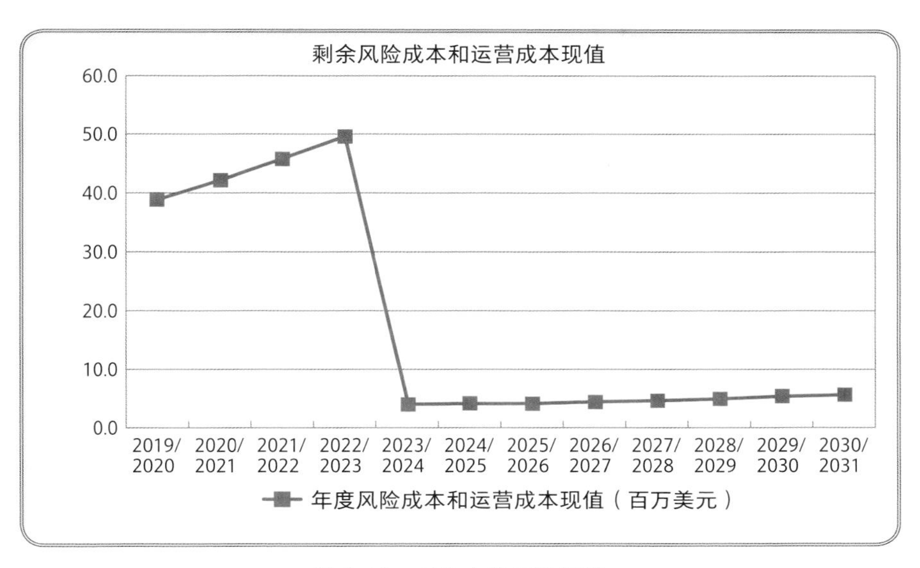

图 5-10　首选方案风险下降

图 5-11 体现了输入假设（基础案例假设代表最可能出现的情景）发生变化时的投资经济时机。从 2023/2024 年起，首选方案（即“综合替换”）所提供的解决方案经济性将高于 BAU 方案。

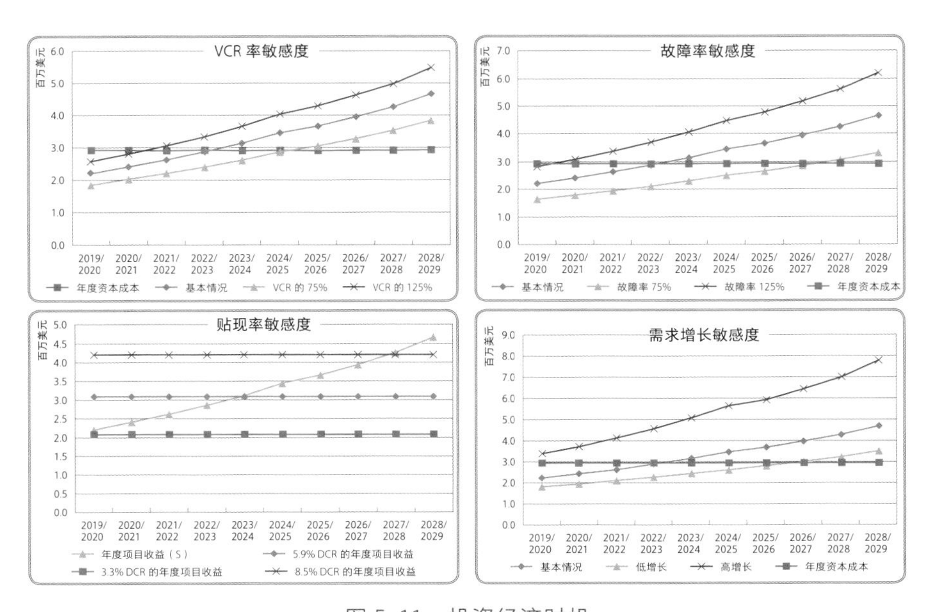

图 5-11　投资经济时机

5.10 结论

TSTS 部分资产的技术和经济使用寿命即将结束，这一点在对这些资产所进行的资产状况评估和预期剩余服务潜力中得到了证明，而后者主要体现在为墨尔本东北部大都市电力用户继续提供电力服务的预期服务成本。

为保持对墨尔本东北部大都市的可靠供电，我们对诸多可靠方案的实施进行了考虑。

经评估，最经济的一种解决方案是对恶化资产（包括 66kV 开关设备、两台 220/66kV 变压器、所选定的 220kV 开关设备）进行综合替换。

在 2023/2024 年之前，完成该项目具有经济性，届时，BAU 方案将可能不再成为对墨尔本东北部大都市提供电力服务的一种经济最优方案。

附录 A 案例研究中的基于状况的使用年龄

设备名称	特征寿命（η）	状况	RSP（%）	基于状况的使用年龄
电力变压器	50	C1	95	2.5
		C2	70	15.0
		C3	45	27.5
		C4	25	37.5
		C5	15	42.5
断路器	45	C1	95	2.3
		C2	70	13.5
		C3	45	24.8
		C4	25	33.8
		C5	15	38.3

续表

设备名称	特征寿命（η）	状况	RSP（%）	基于状况的使用年龄
电压互感器	40	C1	95	2.0
		C2	70	12.0
		C3	45	22.0
		C4	25	30.0
		C5	15	34.0
电流互感器	35	C1	95	1.8
		C2	70	10.5
		C3	45	19.3
		C4	25	26.3
		C5	15	29.8

附录 B　资产风险评估方法和规划标准

B.1　故障影响成本

AS/NZS ISO 31000《风险管理》通过后果及其可能性的组合方式定义了风险等级、风险大小或风险组合。在考虑资产故障风险时，可能会出现特定后果或故障影响，但并不能总是确定这一情况会出现。资产故障将产生某一特定后果的概率被称为“产生后果的可能性”。图 5-12 为风险等级、资产故障发生概率、资产故障产生某一特定影响的概率与该后果之间的关系情况。

图 5-13 对资产发生爆炸性故障造成死亡后果的可能性相关诱因进行了说明。

将图 5-12 中的方程式重新排列后，按照将故障产生某一特定故障影响的概率乘以对该后果的估计成本的方法计算故障影响成本（图 5-14）。

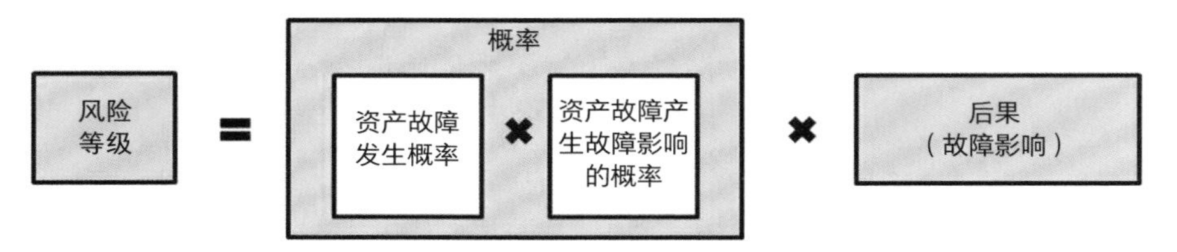

图 5-12　风险等级、可能性与后果之间的关系

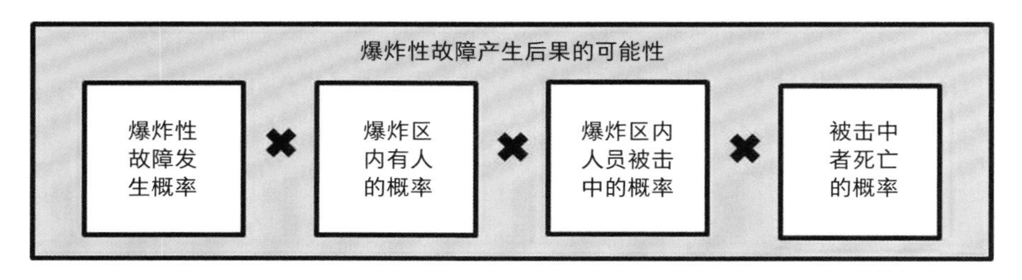

图 5-13　爆炸性故障产生后果的可能性

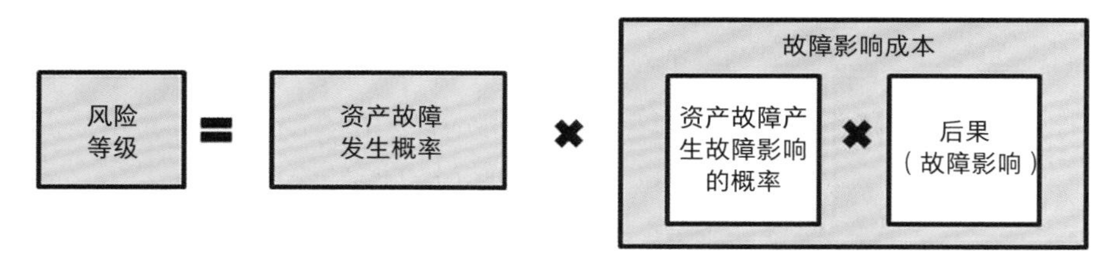

图 5-14　资产故障发生概率与故障影响成本之间的关系

B.2　供电风险故障影响成本

需求预测

澳大利亚输电公司根据配电运营商的终端变电站需求预测和 AEMO 的连接点预测进行资产替换规划，在 10 年规划期内的每个财政年度，按照平均每两年中有一年（有 50% 的概率超过）和每十年

中有一年（有 10% 的概率超过），提供夏季和冬季预计发生（或超过）的最大有功功率和无功功率需求。

终端变电站需求预测可用于评估在资产停电（包括单一突发事件、多个突发事件）情况下，存在风险的负荷量。

电力用户可靠性价值

电力用户可靠性价值（VCR）是指电力用户对避免出现电力服务中断的重视程度。

电力用户可靠性价值（VCR）由澳大利亚能源市场运营商（AEMO）负责设置，可衡量（以每千瓦时的美元计算）各类电力用户对享受可靠供电的价值。

目前所用价值由 AEMO 于 2014 年设置，可与 CPI（消费价格指数）挂钩。

在回应澳大利亚政府联席委员会（COAG）的规则修改建议时，澳大利亚能源管理委员会（AEMC）对 NER（澳大利亚国家电力规则）进行了修订，旨在赋予澳大利亚能源管理局（AER）确定各类电力用户对享受可靠供电价值的责任。这一规则变更内容从 2018 年 7 月 5 日起正式生效。

目前，澳大利亚能源管理局（AER）正在对电力用户可靠性价值（VCR）进行审查。澳大利亚能源管理局（AER）必须在 2019 年 12 月 31 日前公布所审查的第一版电力用户可靠性价值（VCR）。

将各类电力用户的电力用户可靠性价值（VCR）与各连接点的电力用户组合相结合，并定期进行审查和调整，从而为各连接点的电网投资评估提供经济价值。

澳大利亚输电公司采用由 AEMO 得出的最新 VCR 率，并根据每个单独终端站的负荷构成，对配电网业务加权。

2015年，维多利亚州各地VCR平均估值为40030美元/MWh[1]（42.20美元/kWh），见表5-6。

表5-6 维州按用电区域进行划分的VCR估值

用电区域	2017年VCR估值（单位：美元/kWh）（来源：《AEMO 2014年9月VCR审查最终报告》，后来根据《AEMO 2014年12月VCR应用指南》第5.2条规定进行了年度指数调整）
住宅（维州）	26.45
商业（墨尔本东北部大都市）	47.77
农业（墨尔本东北部大都市）	50.93
工业（墨尔本东北部大都市）	47.07[23]
合计（所有用电区域）	42.20

风险电量

风险电量（EAR）是指资产发生故障或电力系统受到约束时可能无法提供的估计电量。

在停用某一变压器的情况下，将终端变电站的容量称为其"*N*–1"等级；在全部变压器都在运行的情况下，将变电站的容量称为其"*N*"等级。

图5-15显示了评估的特定电力系统年度电力负荷持续时间曲线和"*N*–1"突发事件情况下的风险电量（EAR）。风险电量是电力系统受限容量粉色线以上、电力负荷持续时间蓝色曲线以下的区域。

[1] 《2018年输电连接规划报告》。

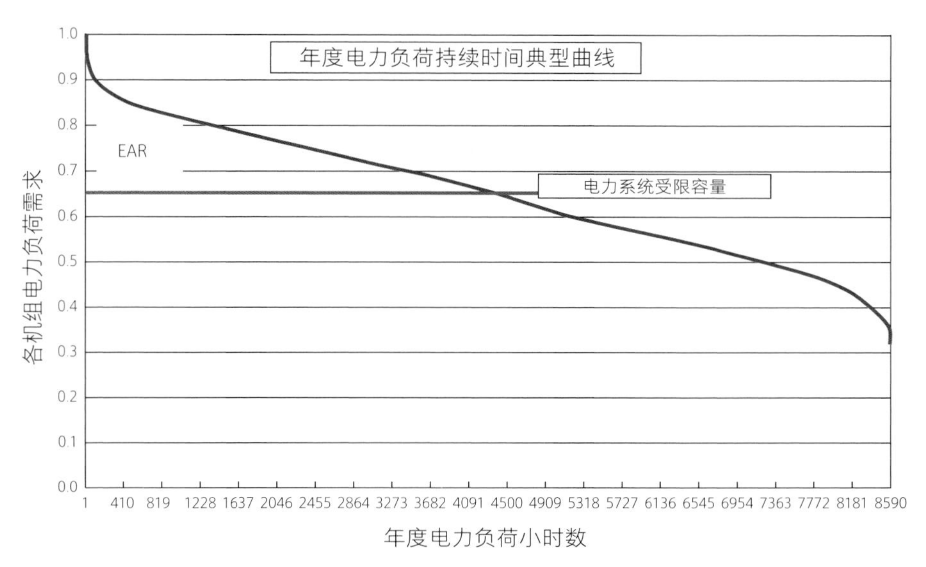

图 5-15　EAR 计算说明

预期缺电量

预期缺电量（EUE）是指风险电量（EAR）与电网受限概率之间的乘积。

对于根据 AEMO《维州终端变电站需求预测》所获得的终端变电站需求预测，包括超越概率 50%（POE50）的最大需求、超越概率 10%（POE10）的最大需求。

确定 EUE 时，可采用以下加权

10%POE 加权 =0.30

50%POE 加权 =0.70

$$EUE=EAR \times Pr(f)$$

$$=(w_{10} \times EAR_{D10} + w_{50} \times EAR_{D50} \times Pr(f)$$

$$=(0.3 \times EAR_{D10} + 0.7 \times EAR_{D50}] \times Pr(f)$$

式中　Pr（f）——故障发生概率；

EAR——风险电量；

W_{10}——10%POE 加权；

W_{50}——50%POE 加权；

EAR_{D10}——基于 10%POE 需求预测的风险电量；

EAR_{D50}——基于 50%POE 需求预测的风险电量。

供电安全风险

供电安全风险值计算方式如下

供电安全风险 = VCR（美元 / kWh）× EUE（kWh）

供电安全风险计算示例

以下示例阐述了对配备两个变压器的某一终端变电站供电安全风险进行计算的方法。

本示例采用以下假设值

变压器 A 不可用率 Pr（f）= 0.216%

变压器 B 不可用率 Pr（f）=0.216%

VCR 率 =30000 美元 / MWh

图 5-16 显示了年度电力负荷持续时间曲线，并注明了 N–1（即停用某一变压器）和 N–2（即停用两个变压器）这两个容量。

由此图可知，“风险电量”如下

N–1 容量以上的缺供电量（EAR_{N-1}）= 132MWh

N–2 容量以上的缺供电量（EAR_{N-2}）= 367877MWh

对于 N–1 突发事件情况下的预期缺电量（EUE_{N-1}），简化后的计算方法如下

$$EUE_{N-1}=EAR_{N-1} \times [\text{变压器 A 的 Pr}(f)\text{或变压器 B 的 Pr}(f)]$$

$$= 132\ \text{MWh} \times (0.216\% + 0.216\%)$$

$$= 0.6\ \text{MWh}$$

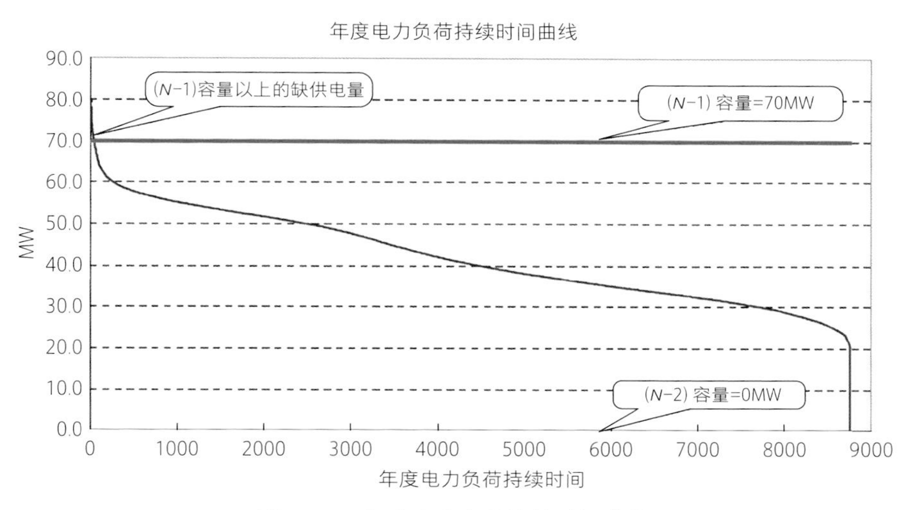

图 5-16　年度电力负荷持续时间曲线

对于 *N*–2 突发事件情况下的预期缺电量（EUE_{N-2}），简化后的计算方法如下

$$EUE_{N-2} = EAR_{N-2} \times [\text{变压器 A 的 } Pr(f) \text{和变压器 B 的 } Pr(f)]$$

$$= 367{,}877 \text{ MWh} \times (0.216\% \times 0.216\%)$$

$$= 1.7\text{MWh}$$

供电安全风险值计算公式如下

$$\text{供电安全风险} = VCR \times EUE$$

$$= 30{,}000\ (\$/\text{MWh}) \times (0.6 \text{ MWh} + 1.7 \text{ MWh})$$

$$= \$69{,}000$$

注：以上示例之所以采用简化后的计算方法，是因为根据维恩图说明，需要将变压器 A 和变压器 B 的故障发生概率交集排除在 *N*–1 风险计算结果之外。当故障率相对较低时，此误差很小，有助于简化各种风险建模方程。

安全风险故障影响成本

安全风险故障影响成本是以下几项的乘积：

- 产生后果的可能性；
- 生命统计学价值；
- 误工伤害价值；
- 不相称性因数。

产生后果的可能性源自《DNO 公共输配电网资产指数确定方法》（表 215），生命统计学价值源自澳大利亚政府所编制的《最佳实践条例指导说明 - 生命统计学价值》（按照当年美元计算）。

误工伤害价值源自澳大利亚安全工作署所编制的《澳大利亚雇主、工人和社区工伤和疾病成本（2012—2013）》（2015 年 11 月）表 2.3b“电力、天然气、水和废物处理服务”。

根据 1998 年《电力安全法》相关要求，这些不相称性因数为采取安全风险缓解措施而产生的相关费用合理性提供了指导说明。这些不相称支出比例可用于衡量社会在预防死亡方面的预期支出成本。当死亡事件后果严重或可能性较高时，不相称支出成本值也较高，也是合情合理的。当人们对风险得到充分管理的信任程度较低时，不相称成本支出可能也会变高。

表 5-7 根据以下假设列出了安全风险故障影响成本 [单位：美元（2014 年）]：

表 5-7　安全风险故障影响成本

资产类型	误工伤害事故[a]	公众死亡或严重受伤[b]	员工死亡或严重受伤[c]	安全风险故障影响成本 [单位：美元（2014 年）]
断路器（≥ 132kV）	0.0004164	0.0000575	0.003136986	40,251
变压器（≥ 132kV）	0.0004164	0.0000575	0.003136986	40,251

[a] 源自 2017 年 1 月 30 日第 1.1 版《健康指数和关键性》中的《DNO 公共输配电网资产指标确定方法》表 215。

[b] 源自 2017 年 1 月 30 日第 1.1 版《健康指数和关键性》中的《DNO 公共输配电网资产指标确定方法》表 215。

[c] 源自 2017 年 1 月 30 日第 1.1 版《健康指数和关键性》中的《DNO 公共输配电网资产指标确定方法》表 215。

- 《DNO 公共输配电网资产指标确定方法》中的参考安全概率；
- 根据《最佳实践条例指导说明——生命统计学价值》要求所计算的 420 万美元生命统计学价值（2014 年）；
- 根据澳大利亚安全工作署所编制的《澳大利亚雇主、工人和社区工伤和疾病成本（2012—2013）》表 2.3b“电力、天然气、水和废物处理服务”要求所计算的每起事件失时伤害事故价值为 162780 美元；
- 公众或工人的单个死亡事件，不相称支出比例系数为 3。

附录 C 经济成本效益分析示例

以下示例详细说明了 45 年评估期（12 年为最初详细评估期，另外 33 年为剩余评估期）内进行风险分析的过程。

本示例假设存在状况为 C4 的单个资产。经确定，这一特定资产的威布尔参数如下

Beta=3.5

Eta=50

假设贴现率为 6.44%。

故障后果评估值如下

供电影响成本 =10 万美元

安全影响成本 =4 万美元

环境影响成本 =2 万美元

附带损害影响成本 =1 万美元

响应式替换成本 =200 万美元

年份	1	2	3	4	5	6	7	8	9	10	11	12	残值
基于状况的年龄	37.5	38.5	39.5	40.5	41.5	42.5	43.5	44.5	45.5	46.5	47.5	48.5	
故障率	0.034	0.036	0.039	0.041	0.044	0.047	0.049	0.052	0.055	0.058	0.062	0.065	
风险成本	$73996	$79029	$84261	$89695	$95335	$101182	$107240	$113510	$119994	$126697	$133619	$140763	$1907051
现值	$1673907												

首先，用 Excel 的 PV 函数计算残值，而这一现值函数也可用于计算一系列未来支出的现在总价值，这种情况下，假设 33 年的总价值为 140763 美元，贴现率为 6.44%。

然后，用 Excel NPV 函数计算现值。

赫尔曼·德比尔（Herman De Beer）拥有电气工程学士学位和工程商业管理理学硕士学位。自 1992 年加入南非电力公用事业公司 Eskom 以来，德比尔一直从事输电网规划工作，有着多年的工作经验，目前在澳大利亚输电公司担任输电网战略规划首席工程师一职。此外，德比尔先生还是澳大利亚 CIGRE 工作组 C1 中的一名成员。

安迪·迪金森（Andy Dickinson）拥有工程学理学学士学位和工商管理硕士学位，并在电力供电行业工作 20 多年。在从事资产管理领域之前，迪金森在输配电设备的设计、施工、调试和维护领域积累了丰富的工作经验。迪金森从事资产管理工作已超过 12 年，目前在澳大利亚输电公司担任资产管理战略首席工程师一职。

6 AltaLink：变压器维修 / 更换选项

科林・克拉克（Colin Clark）
阿妮・乔普拉（Ani Chopra）

科林・克拉克（C. Clark）（✉）
阿尼・乔普拉（A. Chopra）
AltaLink 公司（地址：加拿大艾伯塔省卡尔加里市）
e-mail: Colin.Clark@AltaLink.ca

© 瑞士施普林格自然股份公司 (Springer Nature Switzerland) 2022
G. Ancell 等人 (eds.)，电网资产，CIGRE 绿皮书，
https://doi.org/10.1007/978-3-030-85514-7_15

目 录

摘 要

如第 5 章引言所述，监管机构可以并确实对公用事业公司用来证明资产投资合理性的类型和细节产生重大影响。本案例研究所包括的两种“运营资产管理”（见《电网资产管理方法研究》* 第 6 章“运营资产管理”）情形均涉及因发生过故障而需要作出相关投资决策的变压器。相关投资方案包括对这些单元进行各种修理及翻新和 / 或替换。决策过程包括成本、详细的状况评估、专家对修理 / 翻新后的预期使用寿命给出的意见，以及受电力系统要求和电力用户顾虑影响的时间因素。就这两个示例而言，尽管采用比较常规的成本计算方法，并且对相关风险进行的是定性评估，但也能够说明在决策过程中结合其他因素的现实意义。

6.1 用户侧备用变压器恢复

6.1.1 背景信息

在有两个并联变压器的电力用户现场，发现其中一个使用寿命为 30 年的变压器存在内部机械损坏情况（只需一台变压器即可满足现场电力负荷需求）。由于该现场为重要电力用户的业务运营进行供

* 译者注 《电网资产：投资、管理、方法与实践》第 1 部分。

电，因此，同时使用这两个变压器对停电风险管理至关重要。在这种特殊情况下，设备损坏后停止使用，并进行了包括 SFRA（扫频响应分析）测试在内的电气测试。虽然这些初始测试具有非确定性，但也为制定解决问题有关的投资方案提供了基础。

6.1.2 评估

以下为从成本和时间方面考虑并进行评估的投资方案（见表 6-1）：

（1）重新组装 / 更新零部件（假设成本为变量“*Z*”）；

（2）返厂维修（假设成本为变量“1.1 *Z*”）；

（3）采购并安装全新变压器（假设成本为变量“1.3 *Z*”）。

注：在人们看来，当主绕组因阻塞而发生移位时，“不采取任何行动”方案之所以不可行，是因为即便机械应力再怎么轻微，也都有可能致使重要电力用户现场的部件发生故障。

表 6-1 从成本和时间方面考虑并进行评估的投资方案（一）

方案编号	工作内容	工作成本	生命周期成本	预期使用寿命（年）	时限（月）
A	重新装配	Y	Z	~5	2
B	返厂维修	3 Y	1.1 Z	20	7
C	采购全新变压器	4.2 Y	1.3 Z	50+	12

起初，第一种方案似乎是三种方案中最具成本效益和最迅速有效的。然而，我们根据详细的检查信息对 SFRA 测试结果进行了重新审查。经详细分析，确定有两个次级绕组存在机械损坏情况，而这种机械损坏属于既有状况，不会导致电气故障，这加大了电气故障的诊断难度。经相关领域专家确定，变压器的健康状况预计无法经受住下一

次故障的考验（即重新组装 / 重新装配后的部件预期使用寿命大约只会延长 5 年）（见图 6-1）。

注意：

（a）就方案 A 和方案 B 而言，生命周期成本包括变压器在预期使用寿命结束之后所产生的替换成本，这也能够从整体视角反映各方案所产生的成本情况。

图 6-1　二次绕组变形（弯曲）

（b）这种情况下，预期使用寿命属于一种在选用该特定方案之后预计部件运行时间超出自身当前使用年龄的技术评估时期。在评估各机组的预期使用寿命时，行业专家（SME）在评估每个机组的预期寿命时，考虑了之前的维护测试结果、额定负荷工况、季节性等各种因素。为确定财务分析评估 / 摊销的时间总范围，我们将该预期使用寿命用于服务成本模型（见下文）。

为了得出部件的预期使用寿命值，这些 SME 将参考曾经用过的同年份、同电压和同电力负荷部件，以便校准该机组的大致总体使用寿命。在实施这一初始步骤时，无论部件发生故障，还是部件健康运行，都需要考虑在内，以确保部件参考本身不存在任何不良偏差，因为这种偏差可能会减小预期使用寿命值。进行此番校准的重要原因之一，是要准确评估该部件的预期寿命，避免受不同年份的行业整合预期寿命概率曲线影响。这些曲线均来自大量样本，有助于确保校准的有效性。在此基础上，可结合有问题的特定机组的相关测试结果，并将这些测试结果与阈值水平和曾经发生故障的相同机组测试结果进行比较，从而优化该机组的总体使用寿命。此外，也可借鉴对服务区内的变压器类似故障模式相关处理经验，确保测试结果适用于 AltaLink 服务区运行条件下的相关机组。

（c）表 6-1 中所确定的生命周期成本均为将材料、停电、工程等投入成本计算在内的数值，并通过内部服务成本模型形成公司在特定方案所述预期使用寿命期内所面临的年度成本和净成本的等效值。

该内部服务成本模型考虑了与上述各方案相关的各种成本。这些成本的具体使用方法是保密的。然而，就本案例而言，该模型的主要投入成本为全新变压器采购成本（可通过供应商报价实现这一点），以及基于债务、股权和折旧百分比的认可值。在解决各种不确定性时，可对分析中的非固定部分（如修理成本、部件替换成本、预期使用寿命）进行渐进式敏感度检查，并评估由此产生的等效年度成本对资产持有者的影响。如果不同方案之间的成本相当接近，则需要将其他因素（如电力用户影响 / 电力用户关系、电力系统问题）考虑在内，以便作出确切判断。

在此基础上，我们进一步评估了第二种方案（恢复变压器）和第三种方案（更换变压器）。鉴于电力用户强烈希望恢复使用这两台机组，因此，时间是在这两个方案中作出决策的一个重要因素。最终，由于方案 B 与方案 C 之间的成本差异相对较小，因此，恢复变压器后的总体运行恢复时间较短，故选择方案 B。

6.1.3 结论

部件顺利完成收卷，并恢复使用，只是现场调试出现了比较轻微的问题。如果选择方案 A（即未充分评估故障发生概率），从长远来看，资产持有者的成本会有所增加，同时也会影响我们与电力用户之间所建立的工作关系。

6.2 电力系统变压器运行恢复方案

6.2.1 背景信息

某一变电站配备三台 500kV、400MVA 单相变压器，并且现场还有第四台同电压等级和同容量的备用变压器，可供必要时使用。在初冬时节，其中一台单相变压器的断电分接开关与油箱壁之间出现内部闪络，结果导致该变压器停运。之所以出现这起意外事件，是因为之前的测试和在线溶解气体监测结果并未说明该变压器在 32 年使用寿命结束后会出现任何问题。在当时，经对电力系统状况进行评估，并未发现任何异常情况，可能表明这是由变电站以外的电力系统或环境事件造成的。对单相变压器断开连接并进行检查，而备用变压器则通过可重新配置的总线投入使用。整个现场恢复工作持续不到 24h（见图 6-2、图 6-3）。

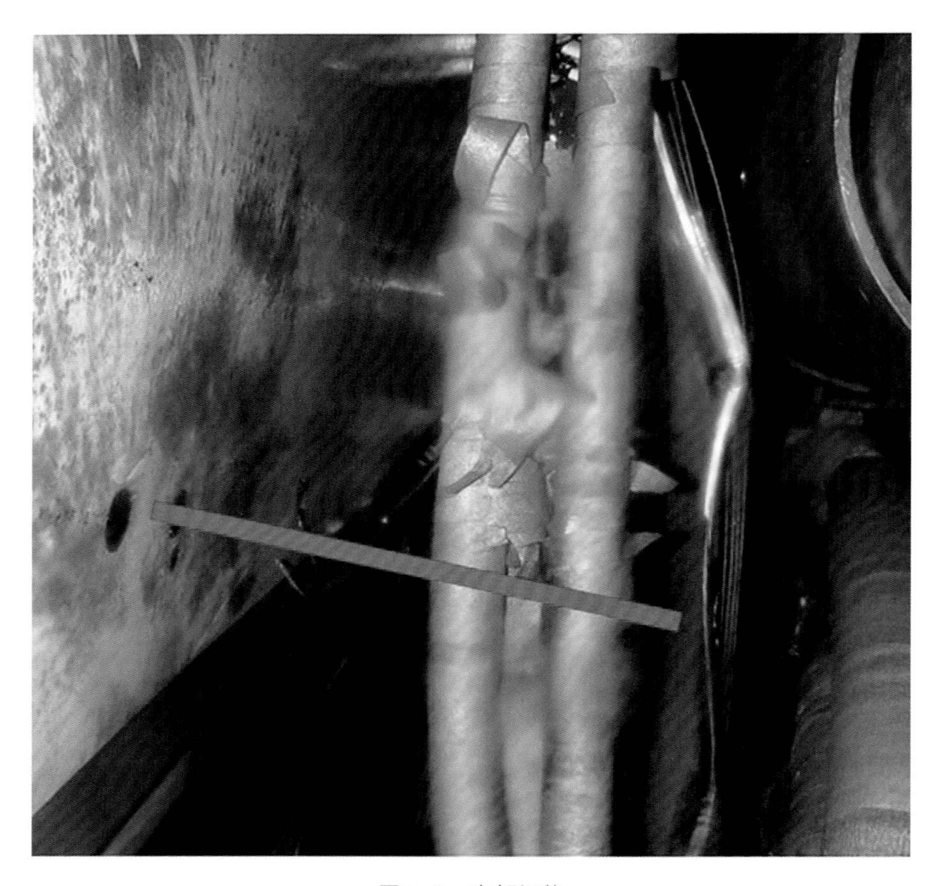

图 6-2　内部闪络

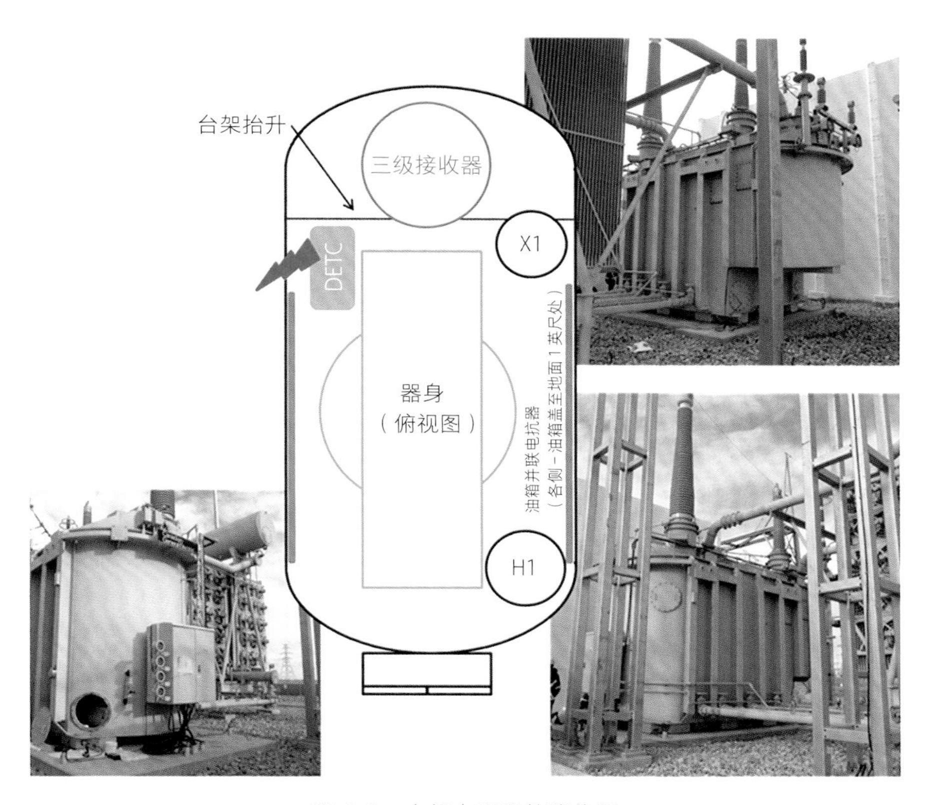

图 6-3　内部布置和故障位置

6.2.2　评估

对于供考虑的备选方案，经确定，故障变压器将恢复运行。这些方案如下：

（a）修理故障变压器（假设成本表示为变量“Z”）；

（b）替换故障变压器（假设成本表示为变量“$3Z$”）。

注：就本案例而言，“不采取任何行动”方案之所以不可行，是因为如果不对断电后的分接开关进行修理，则该变压器无法顺利恢复使用。如果在没有备用期间的情况下运行变压器，则可能带来不可接受的商业风险。

对于上述两种方案，经过相关领域专家（SME）从技术角度进行的评估，同时还得到了相关资产管理工程师进行的财务分析。该技术评估包括通过某一3D有限元模型验证变压器的原始设计，以及通过测试结果评估方式确定变压器的预期剩余使用寿命。经有限元模型证实，由于设计余量足以满足今日标准，因此，在正常情况下，不会出现闪络。根据内涂层退化的视觉证据，变压器中的颗粒物疑似成为此次闪络的根本原因（CIGRE 工作组 12.17）（见图 6-4）。

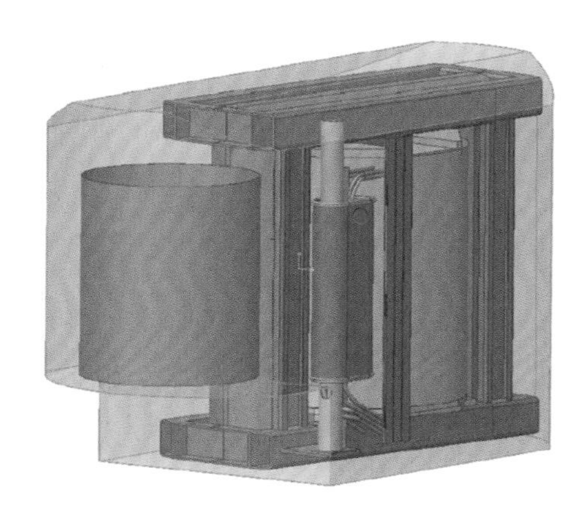

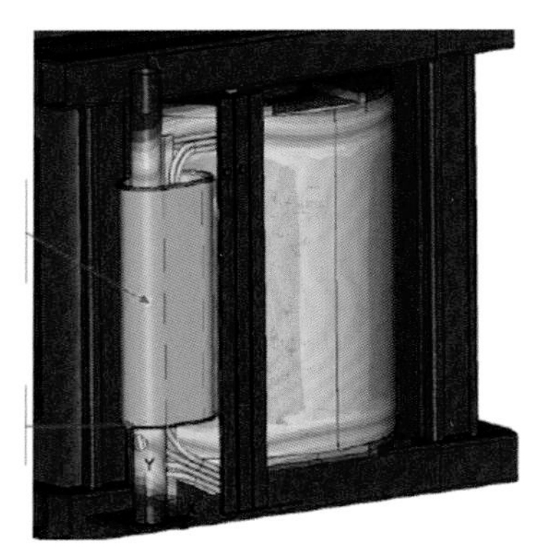

图 6-4　3D 变压器模型（由 ABB 公司提供）

在确认电气设计充分的同时，我们对在役变压器进行了深入的状况评估。虽然溶解气体分析结果并未显示存在主动局部放电情况，但绝缘油中的颗粒物可能更具随机性。此番深入状况评估包括通过主油箱中的22个传感器进行的声波探测和振动测试。与其他两台变压器相比，该变压器读数偏高。我们根据相关结果对绝缘油进行了离线处理，以此过滤悬浮颗粒物，并且计划在恢复使用备用变压器后，就会对该变压器进行检查（见图 6-5）。

同时，财务分析需要服务供应商亲临现场，确定相关修理要求和修理的流程 / 时间表。方案 A 的估算依据是服务供应商所提供的报价。同样，供应商提供了单相变压器替换的费用报价。最终，该财务

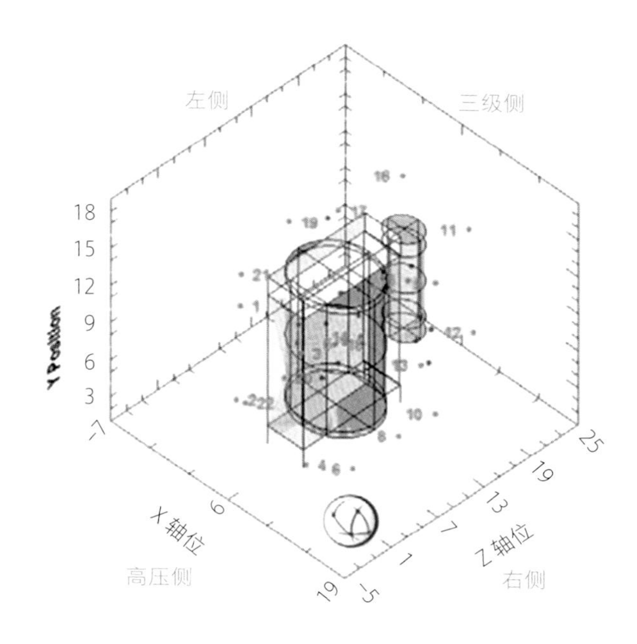

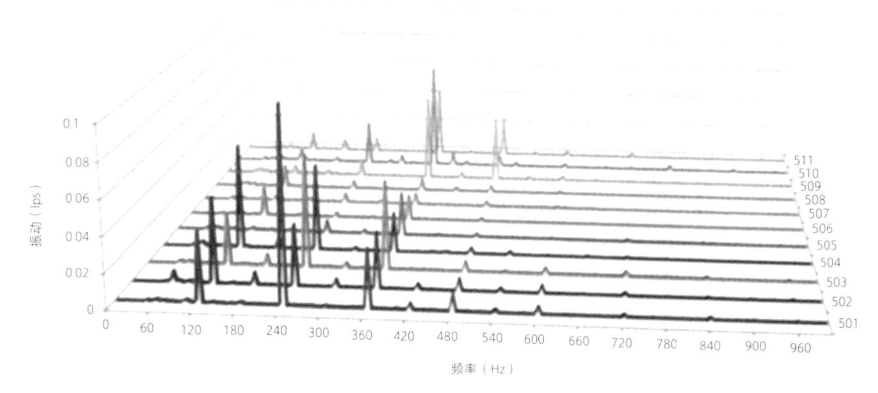

图 6–5 声波探测和测量结果 [由米斯特拉斯集团公司（Mistras）提供]

分析需要通过前期投资方式收集各种必要信息，并作出最具性价比的决策（见表 6-2）。鉴于这三个方案之间存在成本差异，因此，作出的最终决策是对故障变压器进行现场修理（方案 A）。

表 6-2 从成本和时间方面考虑并进行评估的投资方案（二）

方案编号	工作内容	生命周期成本	预期使用寿命（年份数）	时间范围（月份数）
A	现场修理	Z	25	6
B	非现场修理	1.6 Z	25	8
C	采购全新变压器	3 Z	50+	12

值得注意的是：

（a）就方案 A 和方案 B 而言，生命周期成本包括变压器在预期使用寿命结束之后所产生的替换成本，这也能够从整体视角反映出各方案所产生的成本情况。

（b）这种情况下，预期使用寿命属于一种在选用该特定方案之后预计变压器运行时间超出自身当前使用年龄的技术评估时期。在评估各变压器的预期使用寿命时，相关领域专家考虑了之前的维护测试结果、电力运行标准负荷和条件、季节性等各种因素。就技术评估而言，选择相关方案时，预期使用寿命可用作评估变压器发生故障的可能性。就财务评估而言，为确定财务分析评估 / 摊销的时间总范围，我们将该预期使用寿命用于服务成本模型（见下文）。

为得出变压器的预期使用寿命值，行业专家（SME）将参考曾经用过的同年份、同电压和同电力负荷的变压器，以便校准该变压器的大致总体使用寿命。在实施这一初始步骤时，无论变压器发生故障，还是变压器健康运行，都需要考虑在内，以确保参考变压器本身不存在任何不良偏差，因为这种偏差可能会减小预期使用寿命值。进行此番校准的一个重要因素是根据不同年份的行业综合概率使用寿命曲线评估该变压器（参考文献：CIGRE 技术手册 642——《变压器可靠性调查》）。这些曲线均来自大量样本，有助于确保校准的有效性。在此基础上，通过深入研究某一变压器的相关测试结果，并将这些测试结果与经批准使用的标准阈值水平和曾发生故障的相同机组测试结果进行一番比较，从而优化该变压器的总体使用寿命。此外，也可借鉴对服务区内的变压器类似故障模式相关处理经验，确保测试结果适用于 AltaLink 服务区运行条件下的变压器。

（c）表 6-2 中所确定的生命周期成本均为将材料、停电、工程等投入成本计算在内的数值，并通过内部服务成本模型形成纳税人在特定方案中所述预期使用寿命期内所面临的等效成本。

该内部服务成本模型考虑了与上述各方案相关的各种成本，而且对这些成本的具体使用方法是保密的。然而，就本案例而言，该模型的主要投入成本为全新变压器采购成本（可通过供应商报价实现这一点），以及基于债务、股权和折旧百分比的认可值。在解决各种不确定性时，可对分析中的非固定部分（如修理成本、机组替换成本、预期使用寿命）进行渐进式敏感度检查，并评估所产生的年度等效成本对资产持有者的影响。如果不同方案之间的成本相当接近，则需要将其他因素（如电力用户影响 / 电力用户关系、电力系统问题）考虑在内，以便作出确切判断。

得出的最终结果是，在变压器额外产生不可预测成本的情况下，修理成本比财务分析中的初始预测大约高出 20%，而估值中的突发事件初始成本并不能充分满足这一要求。因此，应根据有关变压器的使用年龄考虑渐进式或不断升级的意外支出。相反，现场修理可节约大量成本（相当于最终成本的 20%）。由于对使用年龄偏大的变压器进行修理总是存在风险，因此，我们根据悲观假设（即考虑到无法进行现场修理的情况）对最终成本进行了评估，以此确定所选方案正确与否。譬如，考虑对成本进行以下细化。

初始估计成本：“Z”；

最终实际成本：“1.2 Z”；

从供应方现场运来备用变压器的成本（如现场无可用的备用变压器）：“0.3 Z / 方向 =0.6 Z”；

将故障变压器运回工厂进行修理的成本：“0.3 Z / 方向 =0.6 Z”；

故障修理和后续故障排除成本：“0.5 Z”；

最终估计成本（基于悲观假设的）：“2.9 Z”。

6.2.3 结论

现场修理完毕后，该变压器顺利恢复使用。为减少日后油中出现颗粒物的情况，我们为变压器增加了一个在线油滤装置。从最初确定的成本来看，即使对最终成本采用上述悲观假设，变压器现场修理方案的性价比也高于变压器替换方案。为便于持续改进，对最终成本和初始估值进行一番比较已成为一项经验总结活动。

参考文献

CIGRE WG 12.17, Effect of particles on transformer dielectric strength, TB 157, 2000.

科林·克拉克（Colin Clark）是AltaLink公司的一名首席设备工程师。他最初于2000年在加拿大卑诗水电公司（BC Hydro）工作，2006年加入AltaLink公司。他的职业生涯专注于变电主设备、SVC和HVDC设备，他曾作为艾伯塔省西部输电线路的技术负责人。他曾担任2018年加拿大CIGRE会议技术联合主席，以及CEATI变电站设备资产管理工作组的前任主席。现如今，他既是加拿大艾伯塔省的注册职业工程师，也是IEEE高级成员。

阿尼·乔普拉（Ani Chopra）是AltaLink公司的一名"线路项目经理"培训工程师（EIT）。2013年至2014年期间，他以实习生身份加入ATCO Electric公司的"战略资产"团队，广泛从事变压器和断路器资产健康分析工作。他于2015年加入AltaLink公司，从事多个领域的工作，包括P&C/SCADA设备和AltaLink高压直流资产的生命周期规划，以及基于AltaLink资本维护计划的商业案例开发。此外，他还曾积极加入CEA"输电资产管理"工作组和CEATI"战略资产管理"工作组。

7 资产群体管理："弓形波"分析

加里·L·福特（Gary L. Ford）

加里·L·福特（G.L.Ford）（✉）
PowerNex and Associates 公司（地址：加拿大安省多伦多市）
E-mail: GaryFord@pnxa.com

© 瑞士施普林格自然股份公司 (Springer Nature Switzerland) 2022
G. Ancell 等人 (eds.)，电网资产，CIGRE 绿皮书
https://doi.org/10.1007/978-3-030-85514-7_16

目 录

7 资产群体管理：“弓形波”分析

摘 要

CIGRE 工作组 37.27 在 20 多年前提出了“弓形波”一词，当时，诸多公用事业公司都认识到关键资产群体的在役年龄统计信息分布反映出独特的峰值特征。这与 1945 年后的全球经济扩张和工业扩张有关，而这两种扩张都需要为不断扩容的电力系统超大量采购各种变压器、断路器和其他资产。到 20 世纪末，电力负荷增长已趋于平稳，并且上述诸多资产的使用年龄接近 40~50 岁，这通常被认为是接近报废状态。根据“弓形波”分析预测，随着时间的推移，资产故障或专家认为待报废的资产数量将增加，并可能会给公用事业公司和设备制造商带来各种问题。此外，相关监管部门将关注资本成本的大幅增长，并要求公用事业公司制定相关资产管理计划，以此减轻利率影响，也是预料之中的事情。

然而，遗憾的是，目前尚未有效记录关于未来 10 年或 15 年规划期内对资产故障（和主动式谨慎替换）数量的估测方法。因此，本案例研究将着重介绍为公众所熟知的两种估测方法。本案例研究将对其中一种估测方法详细展开叙述，并举例说明此估测方法的应用情况。虽然此估测方法可能具有充分性，但随着公用事业公司和学术界进一步开展研发工作，将可能有助于对这一课题进行扩充说明，并且这一课题日后有可能成为专业委员会 C1 工作组的研究主题。

7.1 引言

正如《电网资产管理方法研究》* 所讨论的那样，为满足因全球经济不断增长而增加的用电需求，在二战结束后直至 20 世纪 80 年代末或 90 年代初的数十年里，电力系统得到了迅猛发展。因此，如图 7-1 所示（假设 1000 台电网变压器），资产规模统计信息分布呈现出比较典型的形状（技术手册 176 将此称为“弓形波”）。

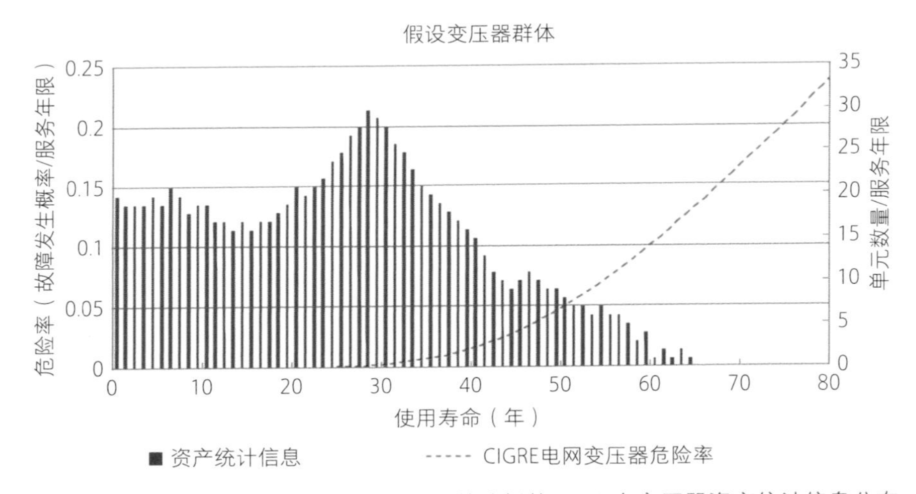

图 7-1　使用 CIGRE 电网变压器危险率函数分析的 1000 台变压器资产统计信息分布

随着规模统计分布与危险率函数逐年增加趋势发生重叠，如果不通过任何资产管理行动缓解这种增加趋势，资产故障率预计会明显上升。从逻辑上讲，其他类别资产也会出现类似的趋势。为应对这种情况，资产管理者一直在通过寻求符合监管部门和公司相关要求与限制条件的各种资产投资方案来努力解决这个问题。资产管理者采取此番举措的目的是保持供电可靠性和电力用户供电服务水平，同时尽可能

* **译者注**　《电网资产：投资、管理、方法与实践》第 1 部分。

减缓资本投入和运营成本的激增。战术资产管理方案包括：增加维护预算；通过各种监测诊断技术延长运行使用寿命，同时试图最大程度上减小灾难性在役故障风险；实施各种资产翻新计划，以延长正常使用寿命；着手减少电力负荷，以减缓老化过程，延长使用寿命；主动更换；最后是继续保持现状，以此作为方案比较的基础案例。对于所有这些潜在的各种资产投资方案，需要向高级管理层，以及相关监管部门和干预者提供投资方案的投资金额和预期效益的估算情况。为此，需要对各种拟用投资计划方案在规划期内的资产潜在故障数量进行预测。

遗憾的是，目前几乎找不出关于此类分析过程的文章。因此，我们可粗略提出一种假设（即简单延续过去所记录的各种故障率），以此作为潜在第一近似值。不过，从典型的统计信息分布和图 7-1 所示危险率函数情况来看，这一假设极有可能会低估“不采取任何行动”方案下的故障数量，从而缺乏可信度。根据加拿大电力公司（Hydro One）最近提交的一份监管报告（Hydro One）显示，该公司曾试图对其重大资产群体在 5 年规划期内的故障数量进行估测。譬如，对于 115kV 变压器群体，如图 7-2 所示，该公司计划进行一系列各种潜在的替换。

如图 7-3 所示，该公司的相关文件对整个变压器群体统计信息和相应故障数据进行了说明。为预测未来故障数量，除了需要提供资产群体统计信息数据外，还需要累积危险函数 [纳尔逊（Nelson）]（最好是危险率函数）。这可从现存资产群体的统计信息和故障数据分析中获得。

最理想的一种情况是，资产管理者想要预测需要向管理层和监管部门说明合理性的变压器新建数量，希望关注那些因发生在役故障而需要进行替换的变压器，或那些因诊断状况数据和专家意见认为如果继续运行则可能存在不可接受风险而认为绝对有必要进行主动更换

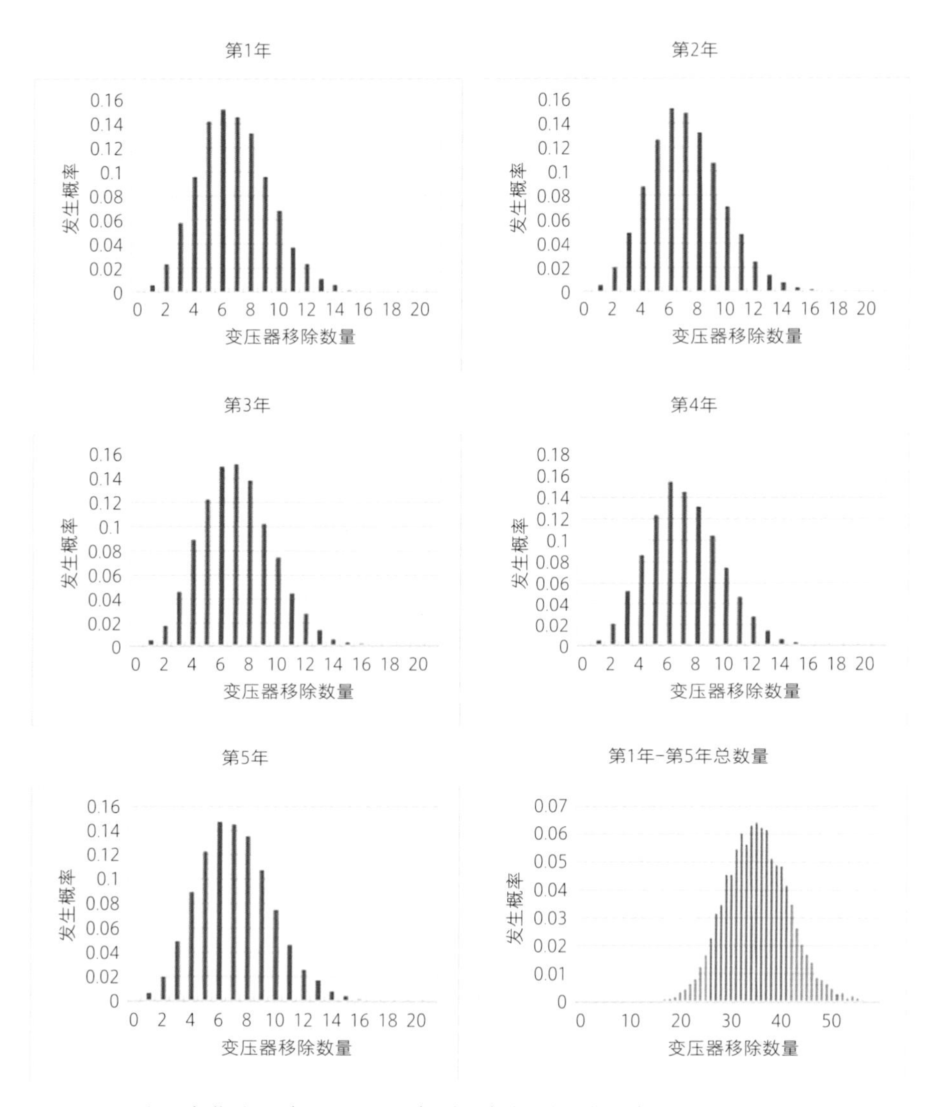

图 7-2　公用事业公司（Hydro One）对 5 年规划期内的变压器移除数量预测示例

的变压器。“弓形波”问题的管理实质是针对那些发生在役故障的资产，或那些因视为处于技术报废状态而移出服务（因无法修理而进行报废）的资产制定更换计划。从变压器总体数据（截至 2017 年，变压器在役数量：721 台；变压器移除数量：419 台；变压器故障数量：42 台）情况来看，该公司认为故障数据过于稀疏，无法使用。因此，

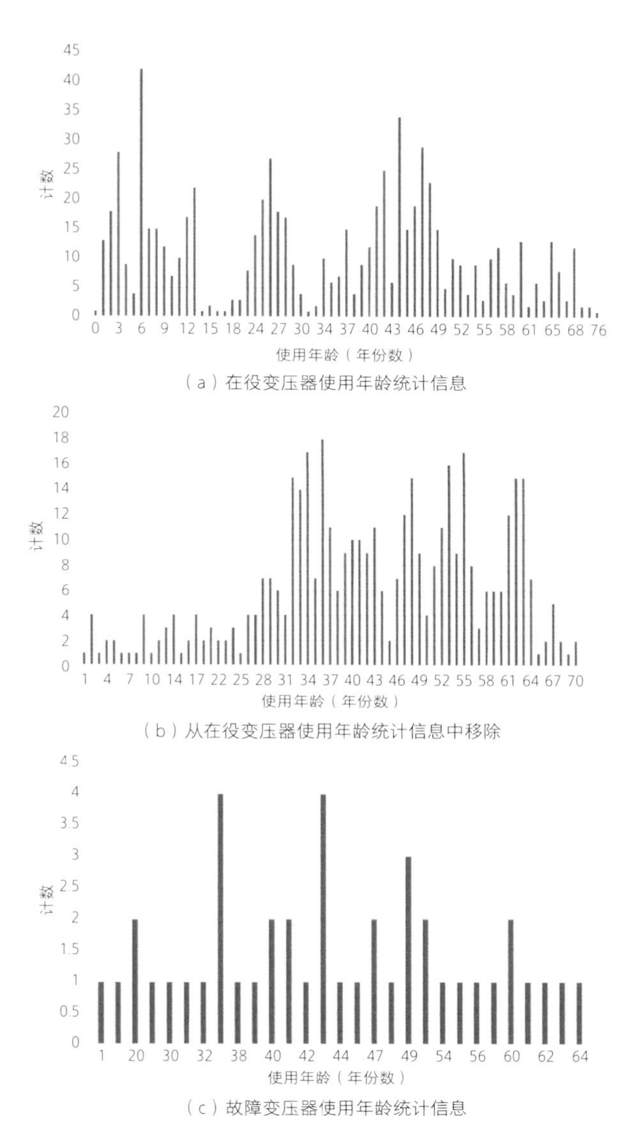

图 7-3　Hydro One 变压器群体统计信息以及移除数据和故障数据（截至 2017 年）

该公司根据移除数据生成危险率函数估测值。遗憾的是，由于变压器拆除数量较大，因此，对于用于估测未来规划期内所需变压器数量的拆除数据，必须包括从电力系统位置移除变压器的各种其他原因。譬如，为便于实施其他变电站翻新项目，以及因预测电力负荷增长将超出额定容量等。对于由于这些原因而拆除的变压器可采取的处置方案为：在其他地方投入使用；翻新后重新投入使用；出售给其他公用事业单位使用；作为备用设备进行维护，以备日后使用。如果通过包括各种类型的更换（如图 7-3 的从服务中移除的数据所示）的方式估测危险率函数，则会出现过于保守的结果。

资产管理者往往只会关注故障数据（在役故障、从不可接受风险角度需要移除的设备），而不考虑资产群体总体统计信息。由图 7-3 可知，尽管故障数据十分重要，但仍需结合故障统计数据和当前运行设备统计信息，这是因为还有许多设备尚未发生过故障，并且继续运行至高龄这一事实也属于重要信息。相关统计学家将在役数据称为经过正确审查的数据，也就是说，这些设备可继续运行，而且发生故障时的使用年龄将至少与当前使用寿命一样长。

如图 7-4 所示，就 Hydro One 自有变压器群体危险率函数确定方法［马尔科夫链蒙特卡洛方法（MCMC）］而言，在使用寿命早期至中期范围之内（不足 50 年），似乎明显过于保守，而在使用寿命末期（50 年以上）则明显不保守。当按照技术手册 422（CIGRE 工作组 C1.16）［纳尔逊（Nelson），第 4 章］所述，并在《电网资产管理方法研究》* 第 8 章“支持资产管理投资的商业案例开发”中进一步阐述的统计方法分析 Hydro One 故障和幸存的资产群体统计信息时，相关分析结果如图 7-5 所示。这些结果包括轻载和重载电网变压器以及自耦变压器的混合故障数据，这些结果与电网公司（见表 7-1）和 CIGRE 行业危险率曲线（见图 7-6）等所示行业数据比较一致。

---

* **译者注** 《电网资产：投资、管理、方法与实践》第 1 部分。

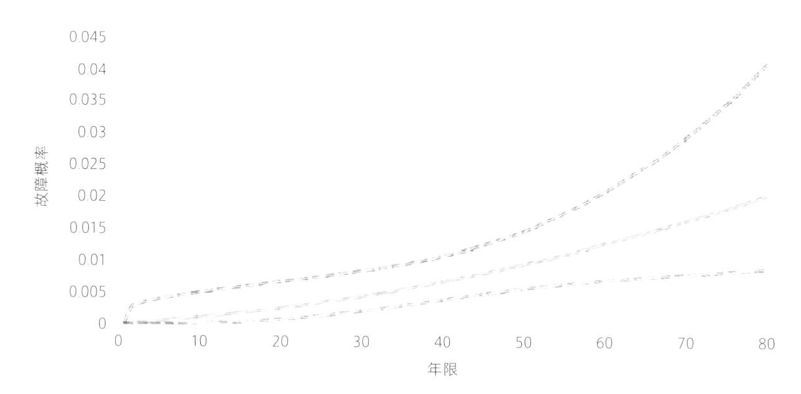

图 7-4 Hydro One 基于使用故障数据的 MCMC 方法对自有变压器群体的预测危险率函数

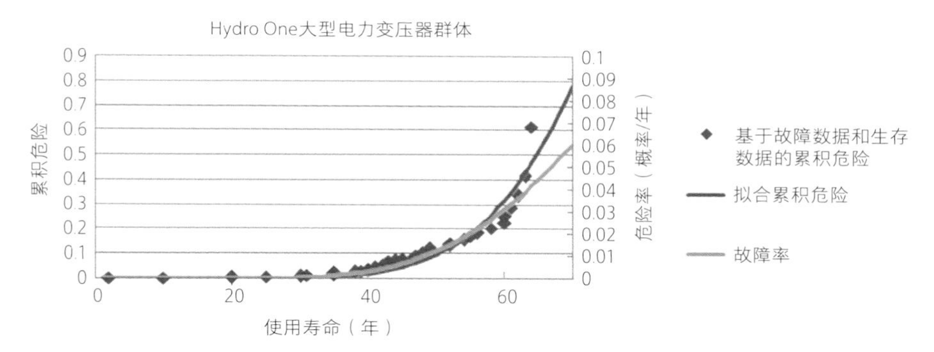

图 7-5 分析 Hydro One 幸存数据和故障数据，以获得对规划期内的进行故障预测的危险率函数［纳尔逊（Nelson），工作组 C1.16］

7.2 故障预测

在图 7-1 中的假设变压器群体示例中，对规划期内预期故障数量进行预测的起点是将资产统计信息分布与危险率函数相结合，以此估测当年预期故障数量。为此，需要假设构成资产群的多个设备形成一个同类群体。对于统一标准的设计维护、电力系统负荷和其他操作实践下的运营的大型公用事业公司来说，可能会接受这一假设。如果不能接受这一假设，则需要将资产群体统计信息和故障数据分成合理的组别（例如，特定电压等级条件下的空气断路器群体，或特定电压等级和类型条件下的电网负荷服务变压器资产群体）。这种分组方法可充分支撑管理过程或监管过程的分析评估，从而获得对变压器群体中长期业绩结果和其投资需求的预测展望。

虽然获取适当的资产统计信息数据及其分布可能相对简单，但获得具有代表性的危险率函数就比较困难。为此，可考虑采用以下四种方法：

（1）使用故障数据和经过正确审查的资产群体数据，如以上 Hydro One 示例所述；

（2）结合行业数据与领域专家意见，建立符合特定公用事业公司条件的资产使用寿命统计数据；

（3）通过资产使用寿命模型或采用“数字孪生”技术生成必要的危险率函数；

（4）从上述三种方法中任选一个作为起点，并根据资产群体的故障数量校准危险率统计数据。

《电网资产管理方法研究》* 第 8 章“支持资产管理投资的商业案例开发”均已对故障数据和幸存资产数据的使用展开讨论。以下相关章节将探讨对行业数据和资产使用寿命模型的使用，以及校准程序。

在人工智能领域，从业人员提到了一个被称为“知识工程”的过程，其中包括与领域专家共商探讨以建立关键技术数据。就电力公用事业公司资产管理而言，这个过程将可能包括与领域专家（如在变压器、断路器、继电器和保护装置等设备的设计、运行和维护等造诣颇深的人员）进行讨论。这些专家可根据自身对相关设备所掌握的知识以及所积累的实操经验，对资产的平均使用寿命和 95% 置信区间（2σ 极限）进行可靠估测。这种过程极有可能用于确定技术手册 422 图

---

* **译者注** 《电网资产：投资、管理、方法与实践》第 1 部分。

5.17（工作组 C1.16）所记录的电网公司资产统计数据（内容见表 7-1 和图 7-6）。这组数据将可能成为与领域专家展开讨论的一个有效起点，以审视他们在相关特定公用事业公司环境、资产职责等方面的知识和实操经验，并接受上述行业统计数据，或根据需要进行调整，以便更准确地反映这些专家所掌握的资产状况信息。

表 7–1 行业典型资产使用寿命统计数据（电网公司，CIGRE 工作组 C1.16）

资产类别	NGET		KEMA	
	中值	EOSU（2.5%）/ LOSU（97.5%）	平均值	标准差
变压器 400kV/275kV 500 MVA ~ 750 MVA	45	30/70	50（1.25）	7.5（1.00）
变压器 400kV/275kV 1000 MVA	55	40/80	50（1.25）	7.5（1.00）
变压器 400kV/132kV GSP/GSP EE 240	55	40/80	50（1.25）	7.5（1.00）
变压器 400kV/132kV GSP FER 240	50	35/75	50（1.25）	7.5（1.00）
变压器 275kV	55	40/80	52.5（1.25）	10（1.00）
变压器 132kV	55	40/80	55（1.25）	10（1.00）
并联电抗器	45	25/60	45（1.25）	7.5（1.00）
串联电抗器	55	40/80	55（1.25）	7.5（1.00）
电容器组	30	20/40	35（1.25）	35（1.00）
静态无功补偿器	30	15/40	25（1.25）	5（1.00）
400kV 室外气体绝缘开关设备	40	25/60	35（1.25）	5（1.00）
400kV 室内气体绝缘开关设备	50	40/60	45（1.25）	7.5（1.00）
400kV SF_6 开关设备	50	40/60	47.5（1.25）	7.5（1.00）
400kV PAB-R 开关设备	50	45/60	47.5（1.25）	7.5（1.00）
400kV PAB-N 开关设备	40	35/45	47.5（1.25）	7.5（1.00）
275kV 多油断路器开关设备	45	40/50	47.5（1.25）	7.5（1.00）

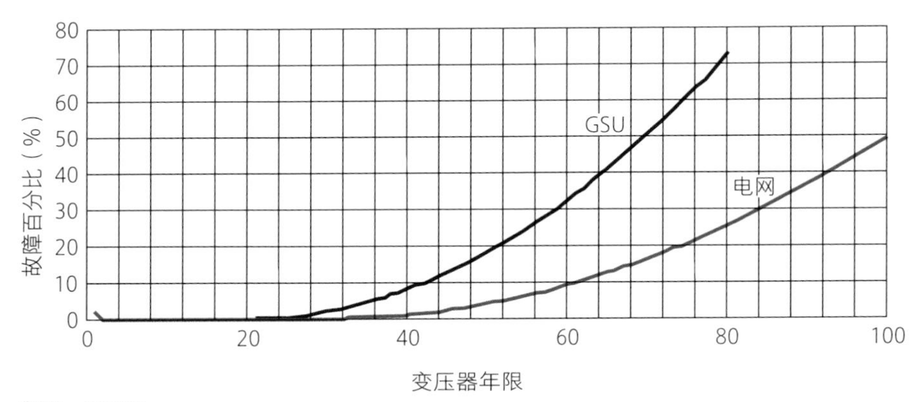

来源：CIGRE

图 7-6　典型大型电力变压器的行业平均危险率曲线（CIGRE 工作组 C1.1）

然而，能够对资产管理者产生有用信息（如危险率函数）的资产使用寿命模型或“数字孪生”技术，开发效果不尽如人意。2016 年，CIGRE 展示了这样一个模型 [福特（Ford）、雷基（Lackey）]，即可通过 IEEE 和 IEC 标准电力负荷指南所述的阿伦纽斯关系模型，提供电力变压器危险率函数。此方法根据变压器状况数据（含水量、含氧量）和电力负荷历史统计数据生成危险率函数。由于 CIGRE 文件对此方法进行了充分记载，因此，本节不进行重复介绍。相关典型结果见图 7-7。

校准程序的起点是一个简单的电子表格分析结果，如图 7-8 所示。此方法将资产群体统计信息数据与危险率函数相结合，以此估测整个变压器群体或特定资产统计信息组别的设备预期故障数量。在这种特定情况下，对于图 7-1 所示的整个资产群体，以及采用技术手册 422 所记录的行业平均危险率函数（平均使用寿命：55 年；标准差：11 年）的电网变压器群体，经估测，故障数量为 10。这些统计数据均与表 7-1 和图 7-6 中的“电网”曲线相一致。

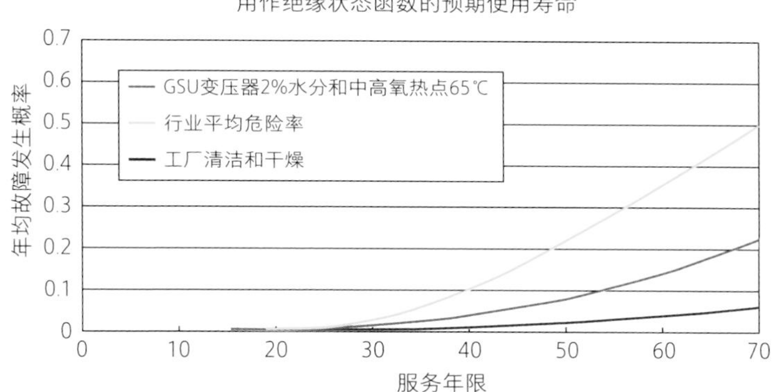

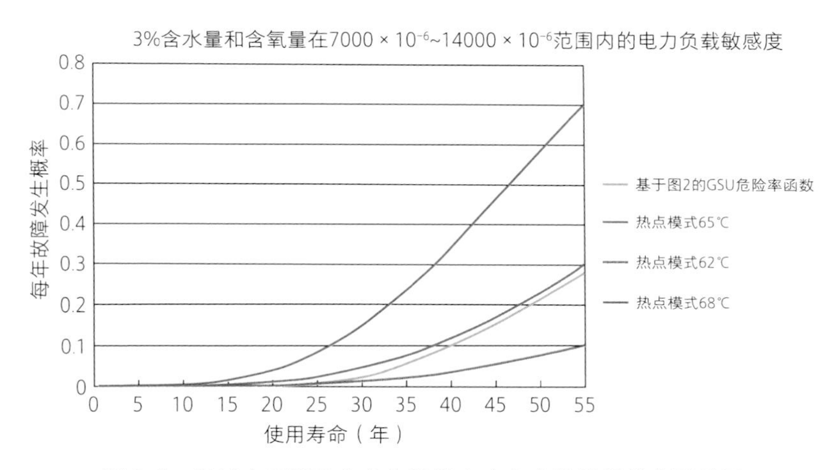

图 7-7　通过变压器数字孪生和资产全寿命模型所获典型结果

对于规模为 1000 台的变压器群体，如果资产统计信息呈平滑分布，则预期平均替换率可能为每年 18 台。然而，对于这种情况，在过去，资产管理者意识到存在弓形波问题之后会考虑实施主动更换计划，这样一来，每年约有 18~20 台设备可能出于故障或主动更换原因而发生替换。如今，资产管理者所面临的问题是应按原有计划实施，还是应该为下一个规划期对该计划进行修改。

在这个案例中，我们假设当年计算的故障率与近期经验相一致，但在某些情况下可能是不一致的。譬如，运行和维护历史记录信息和公司实践经验可能表明，预期故障数量计算结果过高或过低。在这种

平均值　55 预期故障总值　10　求和（K5:K84）变压器群体所有预期故障数量总和

SD　11

G5*J5 危险率与资产统计信息数据乘积

服务期限	GIGRE 电网变压器危险率	累积值	密度	资产群体统计信息	预期故障
1	2.12055E-07	4.575E-07	2.121E-07	20	4.24E-06
2	3.29968E-07	7.244E-07			6.27E-06
3	5.0922E-07	1.138E-06			9.68E-06
4	7.79381E-07	1.773E-06	7.794E-07	19	1.48E-05
5	1.18306E-06	2.741E-06	1.183E-06	20	2.37E-05
6	1.78103E-06	4.204E-06	1.781E-06	19	3.38E-05
7	2.65919E-06	6.396E-06	2.659E-06	21	5.58E-05
8	3.93766E-06	9.655E-06	3.938E-06	20	7.88E-05
9	5.78281E-06	1.446E-05	5.783E-06	18	1.04E-04
10	8.42269E-06	2.148E-05	8.423E-06	19	1.60E-04
11	1.21668E-05	3.167E-05	1.217E-05	19	2.31E-04
12	1.74306E-05	4.632E-05	1.743E-05	17	2.96E-04
13	2.47664E-05	6.722E-05	2.476E-05	17	4.21E-04
14	3.49002E-05	9.678E-05	3.490E-05	16	5.58E-04
15	4.87763E-05	1.383E-04	4.877E-05	17	8.29E-04
16	6.76095E-05	1.960E-04	6.760E-05	16	1.08E-03

图 7-8　用于预计故障数量的电子表格中前 16 年的记录数据

情况下，所选用的危险率函数可能不合适，因此，需要调整平均值和 / 或标准差，从而根据公司运行和维护信息以及实践经验来估测故障率。

卷积模型可用于估测“不采取任何行动”方案和可能考虑实施的替代资产投资方案中所述的规划期内故障预计数量。然而，这需要该模型在规划期内逐步推进（每次 1 年）。这种情况下，我们需要思考这样一个问题：“在预计规划期内每年都会发生一定数量故障的情况下，哪些使用寿命组别的设备将发生这些故障？”为了在规划期内推进该模型，需要逐年调整资产统计信息分布，以此反映预计会发生故障的特定资产统计信息组别或进行主动更换的地点，以及在服务的第一年设备新增数量。虽然主动更换与更换将同样属于已知类别，但自发故障的使用寿命类别将分散在资产统计信息中，如图 7-9 所示，并且需要进行确定。为此，可按照蒙特卡洛过程在使用寿命类别中选用符合危险率函数的“故障”。此过程可按照图 7-10 中的流程，通过 Excel 电子表格进行实施。

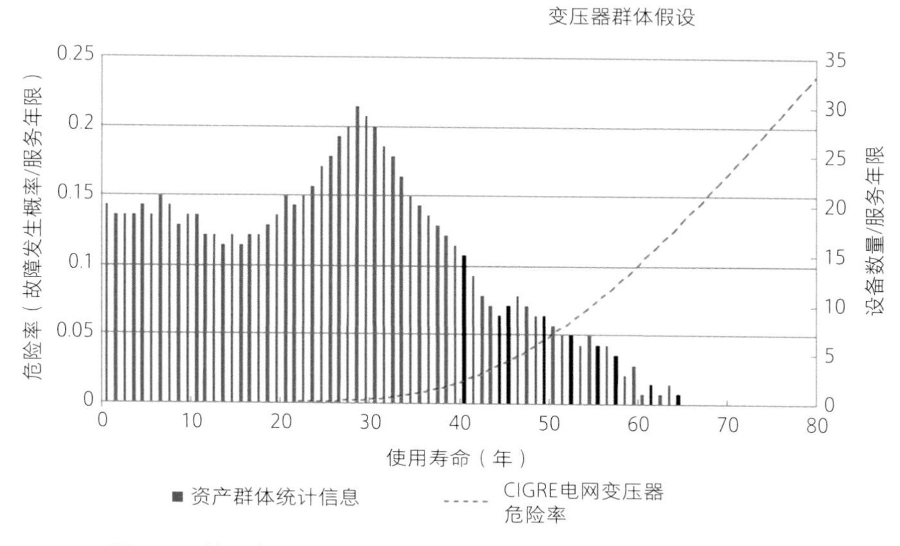

图 7-9　基于发生假设故障（黑色）的使用寿命类别统计信息分布

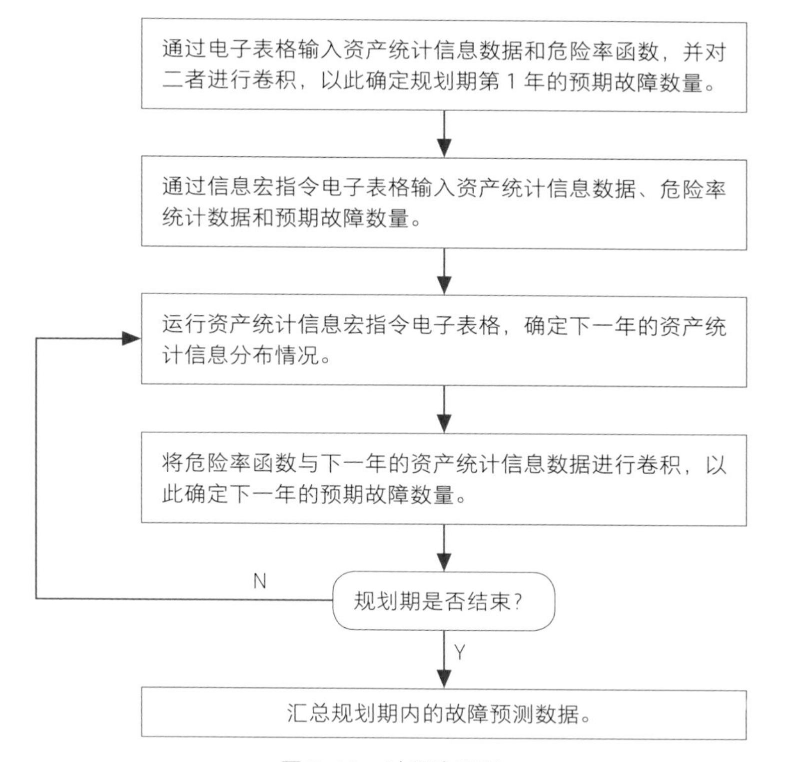

图 7-10　过程流程图

在实施此过程时，第一步是通过 Excel 电子表格输入资产统计信息和危险率数据，如表 7-1 和图 7-6 所示。这个电子表格可用于计算规划期第 1 年的设备群体预期故障数量。下一步是创建一个可用于计算的资产统计信息宏指令电子表格，以此确定可能发生预期故障的特定潜在使用寿命组别，以便在规划过程中调整下一年的资产统计信息分布。在选用使用寿命类别时，需要借助图 7-11 所示随机数生成器实施蒙特卡洛过程，而随机数生成器会偏向于对所选用的变压器群体危险率函数进行统计特征模拟。

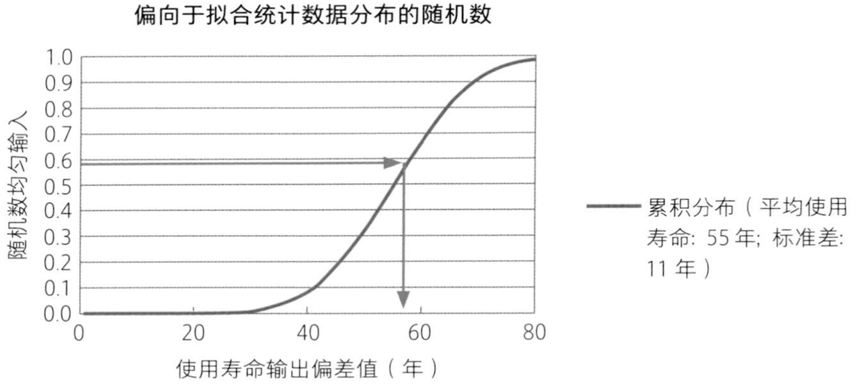

偏向于拟合统计数据分布的随机数

图 7-11　偏向于符合特定统计数据分布的随机数生成方法

对于确定资产统计信息分布中哪些使用寿命组别会有一个或多个设备发生故障的计算，属于一种基于随机数偏差值生成器的反复试错过程。在进行这种计算时，可使用图 7-12 中示例所列 Excel 的宏指令来执行。

此宏指令需要记录在如图 7-13 所示的简单电子表格中，以便于进行相关计算。此外，图 7-13 还提供了与 8 个故障数量有关的典型试错结果。该电子表格可将当年资产群体统计信息数据按 1 年进行更新，并将设备替换数量添加到第 2 年的资产群体统计信息数据的使用年龄类别 1 中。与此同时，该电子表格会将宏指令所选用的设备从资

```
Sub Rand()
'
' Rand Macro
' Macro recorded 06/10/2005
'
' Keyboard Shortcut: Ctrl+Shift+F
'
  Application.CommandBars("Stop Recording").Visible = False
    Application.GoTo Reference:="Rand"
  Dim X, Y, SL, NF, Count As Integer
  ' NF=the number of failures from preceeding year
  ' SR=the max age of the previous year
  NF = Range("a5")
  SR = Range("a6")
  For X = 1 To SR
  Cells(X + 4, 6) = Cells(X + 3, 5)
  Next X
  Count = 0
  X = 0
1   X = X + 1
  Range("a3") = Rnd()
  P = Range("a4")
  Cells(X + 3, 7) = Round(Range("a2") * P + Range("a1"))
  SL = Cells(X + 3, 7)
    For Y = 1 To SR
    If Y <> SL Then GoTo 3
    If Cells(SL + 4, 6) > 0 Then GoTo 4 Else GoTo 3
4     Cells(SL + 4, 6) = Cells(SL + 4, 6) - 1
    Count = Count + 1
3 Next Y
    Cells(X + 4, 8) = Count
  If Count = NF Then GoTo 2
  GoTo 1
2   Cells(4, 6) = NF
 End Sub
```

图 7-12　用于选择故障设备使用寿命类别的宏程序

产统计信息高亮显示的使用年龄段中删除［例如，在第 1 年使用年龄为 37 岁（19 个机组），在第 2 年变为 38 岁（18 个机组）］。

对流程图所述过程进行逐年实施，从而估测某一设备群体在未来规划期内的故障数量。考虑到随机数生成器具有可变性，为获得较为稳定的结果，必要时，需要按照蒙特卡洛方法重复实施该过程。

譬如，按照此类方法分析以下相关段落所述的 50MVA 变压器群体［库尔茨（Kurtz）等人，2007 年］。

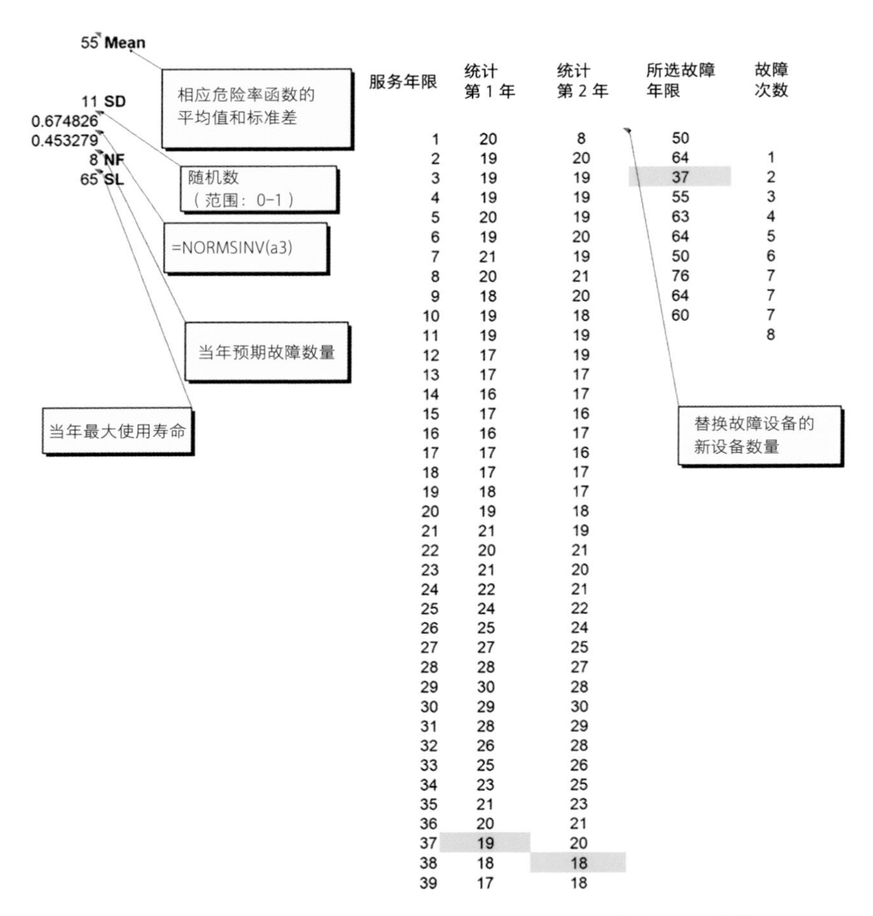

服务年限	统计第 1 年	统计第 2 年	所选故障年限	故障次数
1	20	8	50	
2	19	20	64	1
3	19	19	37	2
4	19	19	55	3
5	20	19	63	4
6	19	20	64	5
7	21	19	50	6
8	20	21	76	7
9	18	20	64	7
10	19	18	60	7
11	19	19		8
12	17	19		
13	17	17		
14	16	17		
15	17	16		
16	16	17		
17	17	16		
18	17	17		
19	18	17		
20	19	18		
21	21	19		
22	20	21		
23	21	20		
24	22	21		
25	24	22		
26	25	24		
27	27	25		
28	28	27		
29	30	28		
30	29	30		
31	28	29		
32	26	28		
33	25	26		
34	23	25		
35	21	23		
36	20	21		
37	19	20		
38	18	18		
39	17	18		

图 7-13　含典型分析结果的资产统计信息宏指令电子表格

该变压器群体包括未曾发生任何故障的诸多新设备，以及虽曾发生在役故障，但通过制造厂修理后重新投入使用的诸多类似设备。这两组设备的相应危险率函数（见图 7-14）是通过我们分析了公用事业公司所保存的相关故障详细信息和资产群体统计信息记录［纳尔逊（Nelson）］所获得的。

我们考虑了多个投资情景方案，并将这些方案与图 7-15 所示沿用其当前做法的基础案例进行了一番比较。

为了便于比较，图 7-16 提供了关于将故障设备替换为设计改良

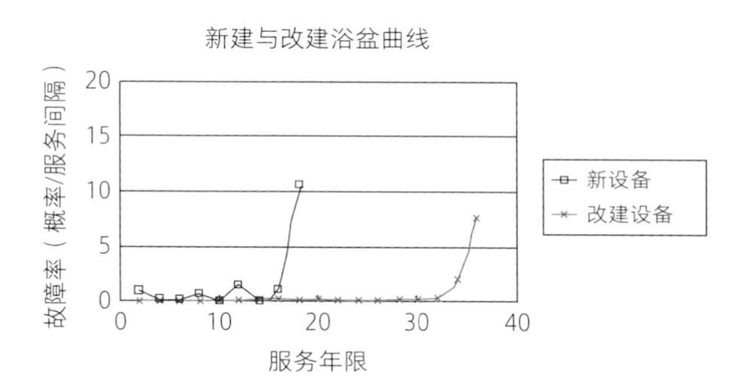

图 7-14　新建和改建 50MVA 变压器的危险率函数

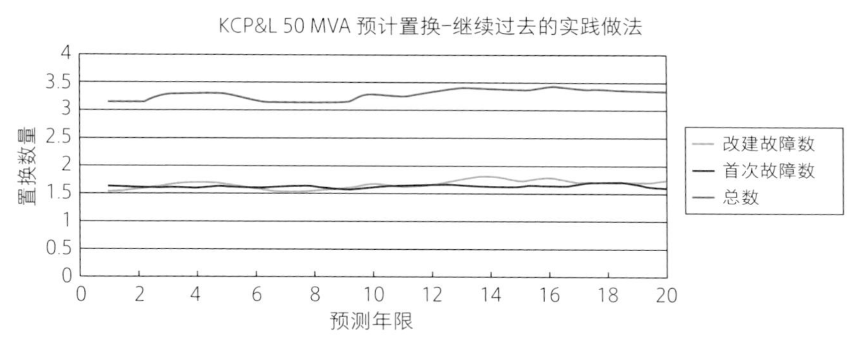

图 7-15　沿用过去做法的基础案例

型新设备的方案实施结果。

然后，这些故障预测和财务数据一起用于预测规划期内选项的成本，从而为公用事业公司节约大量资金。

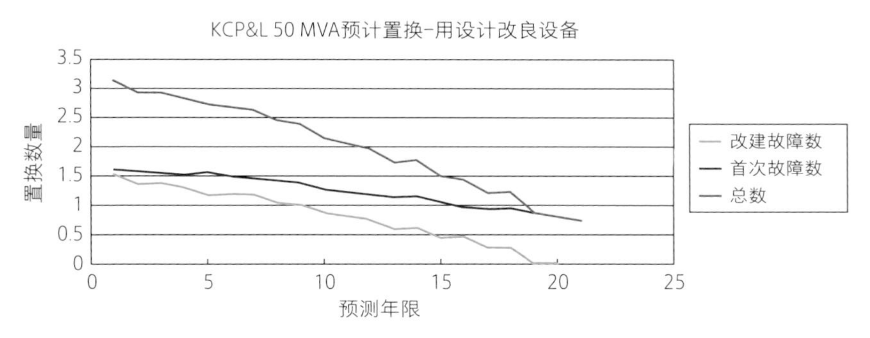

图 7-16　将改建设备替换为设计改良型新设备

参考文献

[1] CIGRE WG 37-27 Ageing of the System Impact on Planning, CIGRE December 2000 .

[2] CIGRE WG C1.16 Transmission Asset Risk Management, CIGRE August 2010.

[3] Exhibit B Part 3.: http://www.rds.oeb.ca/HPECMWebDrawer/Record?q CaseNumber%3dEB- 2019-0082&sortBy recRegisteredOn-&pageSize 400&start 401.

[4] Ford, G.L., Lackey, J.G.: Hazard Rate Model Risk-based Asset Investment Decision Making, CIGRE C1-106 2016.

[5] Hydro One: Transmission Plan Regulatory Submission March 21, 2019 Publicly available on the Ontario Energy Board web site or on the Hydro One web site at: https://www.hydroone.com/abouthydroone/RegulatoryInformation/txrates/202022_Tx_Rate_Application/Updated_June_ 19/HONI_Updated_Ex_B_20190619.pdf

[6] Kurtz, C., et al.: Factoring the Cost of Poor Reliability into the Procurement Decision, Doble 2007 .

[7] Nelson Wayne, B.: Applied Life Data Analysis Chapter 4 Multiply Censored Data.© 1982 by John Wiley & Sons Inc.

8 保险作为一种可选的资产管理投资

特伦斯·李（Terence Lee）
特伦斯·拉迪米尔（Terence Rademeyer）
斯图亚特·塞尔登（Stuart Selden）

特伦斯·李 (T.Lee)（✉）
特伦斯·拉迪米尔 (T. Rademeyer)
斯图亚特·塞尔登 (Stuart Selden)
FM Global，美国伊利诺伊州约翰斯顿
e-mail: terence.lee@fmglobal.com

© 瑞士施普林格自然股份公司 (Springer Nature Switzerland) 2022
G. Ancell 等人 (eds.)，电网资产，CIGRE 绿皮书
https://doi.org/10.1007/978-3-030-85514-7_17

目 录

8 保险作为一种可选的资产管理投资

摘 要

如《电网资产管理方法研究》* 所述，管理风险时涉及三种选择，即接受风险、减轻风险或转移风险。转移风险的常用方法是投资保险。公用事业公司通常分为两大类：一类是使用商业保险来管理资产风险的公司，另一类是接受资产风险但使用一些内部会计机制进行自我保险的公司。大型国有公用事业公司通常属于自我保险的范畴，而投资者所有的和小型的公用事业公司则倾向于商业保险方案。《电网资产管理方法研究》第 8 章“支持资产管理投资的商业案例开发”中介绍了评估风险和计算保险费的基本精算方法。但是商业保险是一个相对更为复杂的话题，在我们典型的工程师 / 资产管理者等绿皮书读者看来，它可能是晦涩的精算学和黑色艺术的综合体。然而，对于需要管理资产风险的资产管理者和公用事业公司高级管理层而言，投资保险是一种有效的策略选择，可以考虑将其作为战略资产管理职责的一部分。在实践中，保险公司运用一系列方法来评估风险和计算保险费。本案例研究由一家大型商业公司提供，主要描述了其中一种这样的方法。

* 译者注 《电网资产：投资、管理、方法与实践》第 1 部分。

8.1 不同的保险方法

传统上，保险公司根据大数法则制定条款和条件。这是一种精算方法，其中费率表是根据被保险业务的类型、业务所在地、此类业务的损失流量及其他因素制定的。这种方法不认同被保险人为改善其所在地的风险所付出的个人努力。

有一些保险公司则采取了不同的方法。法特瑞互助保险公司及其子公司和附属公司，统称为美国法特瑞互助保险公司（FM Global），聘请工程师来确定客户所在地的风险，并根据该位置的风险和风险管理实践，借助于该工程评估来设定保险条款和条件。这种方法依赖于这样一种假设，即大部分财产损失是可以预防的，而且实行良好风险管理的客户应获得优惠的保险条款和条件，以作为奖励。实行良好风险管理的客户具有更强的灵活应对能力，不太可能遭受对其企业价值产生负面影响的重大损失。

8.2 衡量风险质量

风险是非常主观的。根据自己的风险偏好、经验和看法，每个人对风险都有不同的理解。

为了克服这一点，一些保险公司开发了量化方法来衡量风险。在 FM Global，我们开发了一种名为 RiskMark 的算法对风险进行客观计算。该算法着眼于客户遭受损失的根本原因，并为每个可能导致损失的缺陷打分。例如，如果客户由于设备维护不良和测试实践不当而遭受了大量损失，当保险公司确定客户所在地的维护和测试实践需要改进时，算法会给其分配较低的分数。

该算法还考虑了其他因素，如占用类型和自然灾害风险。该算法得出的结果被称为 RiskMark 评分，其最大潜在评分为 100。图 8-1 显示了构成分数的各组成部分。

自大约 20 年前开发出来以来，该算法已经由该保险公司的工程师通过每年访问约 10 万个地点，并在每个地点收集超过 1500 个数据点来生成评分，对其完成了更新和验证。这样就可以实现 RiskMark 作为许多地区风险质量基准测试工具的最大价值。图 8-2 显示了保险公司业务记录中所有变电站的得分情况。

图 8-1　影响 RiskMark 评分的因素

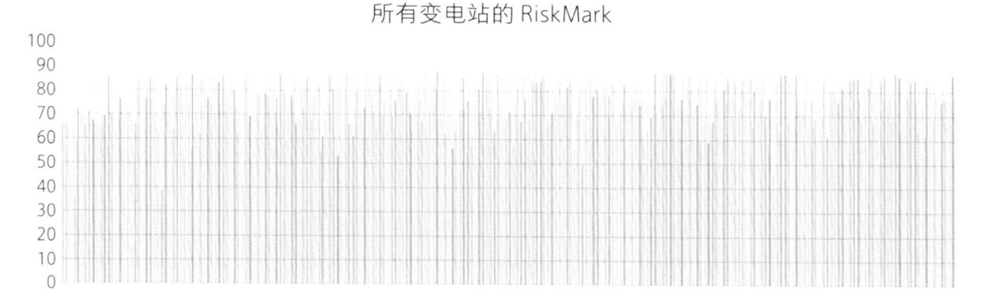

图 8-2　RiskMark 评分的变化

该图中的每个柱子代表一个变电站，按保险价值从左到右递增的顺序排列。该图显示了该算法可用于确定可能需要增加风险管理重点的变电站的方法之一。

8.3 风险四分位数：风险的相对度量

除了基准测试之外，算法评分还可以用于帮助确定每个客户所在位置的“风险”。基于客户各自的得分情况将客户分成四分位数，并检查每个四分位数的客户损失，结果发现，最下面四分位数（低风险）客户遭受的损失是最上面四分位数（高风险）客户的 30 倍，而且这些损失的严重程度是后者的 7 倍（见图 8-3）。

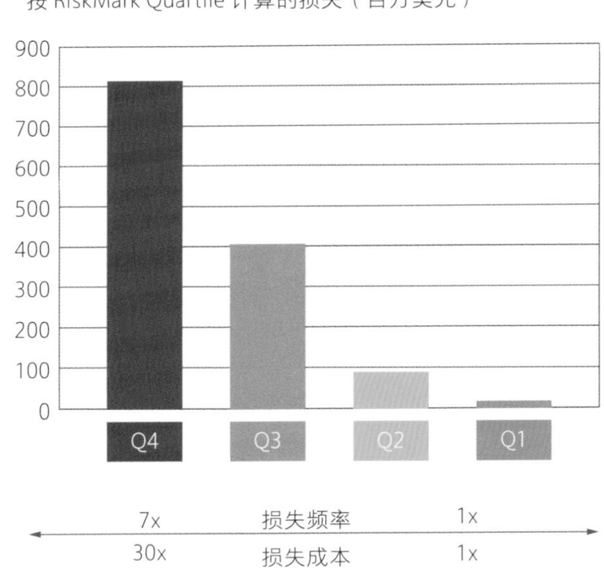

图 8-3 “RiskMark 四分位数”

8.4 设备因素：设备部件风险的细致分析

保险公司还开发了其他预测分析工具，帮助客户衡量风险并确定风险管理决策的优先级。

为了帮助本案例研究，设备因素是最后一个需要解释的工具。该工具可以基于七个因素对单独设备进行评级，实现更细致的风险评估：环境、操作条件、使用年限及履历、维护、操作人员、安全设备和应急计划。

类似地，基于四分位数对客户进行了损失分析，并将其与不合格的设备因素数量相关联。研究发现，当设备有三个或三个以上不合格设备因素时，损失的数量会增加 10 倍，同时损失的严重程度增加 5 倍。

8.5 总结

不同的保险公司采用不同的保险方法。在 FM Global，我们认为绝大多数财产损失是可以预防的。如果采取良好的风险管理措施来防止损失的客户，则应获得优惠的保险条款和条件作为奖励。

为了客观地衡量风险，保险公司开发了一些方法和算法，可以查看历史损失情况，并对不同的风险或缺陷进行打分。我们开发了一种算法，可以生成分数来量化风险。RiskMark 四分位数已被用于衡量不同地点的相对风险，而我们的设备因素是另一种从设备层面量化风险的方法。

在下文所述案例研究中，我们将使用算法、四分位数和设备因素来论证：通过采用以风险管理为中心的方法，并制定资产管理策略及其他损失预防决策来提高其风险质量的客户，不仅可以从其财产损害和业务中断保险的强化条款和条件中受益，而且还能实现总风险成本大幅降低。具体参见下文案例研究详细说明。

8.6 案例研究

本案例研究基于一家发电公用事业公司，该公司有一项 10 台发电机组的投资组合，包括开式循环燃气、联合循环发电和热电联产发电厂。从这个投资组合中，我们选择了一个 3 × 150 MW 的开式循环电站，该电站通过现货市场向电网供电，并按合同要求向大型工业客户供电。在随后的段落中，我们用该发电站来说明财产风险质量的改善与业务中断保险条款和条件之间的关联，以及风险总成本大幅降低的潜力，特别是要注意那些无法轻易转移的成本。

8.7 保险条款与条件

保险条款和条件在很大程度上受到市场周期及其他外部因素的影响，但如果这些因素能实现正常化，保险费应成为条款和条件变化的可靠指标。

采用精算方法承保且对风险质量关注较少的保险公司，预计不会随着风险质量的改善而对条款和条件作出重大变更。但是，如果客户风险质量的评估、管理和改善是保险公司业务模式的基础，我们预计风险质量与财产保险和业务中断保险的正常保费之间将存在更大的相关性。

因此，对于后一种保险公司，电站从临时维护计划过渡到基于时间的维护计划，最后过渡到基于状态的维护计划，每一步都能改善风险质量，这应该相应地以降低标准保费作为奖励。

表 8-1 和图 8-4 基于 RiskMark、RiskMark 四分位数和设备因素，绘制了该发电站五年内的风险质量图，对比标准化保费的变化情况。

表 8-1　五年内风险质量及其影响因素

类别	2014	2015	2016	2017	2018
RiskMark 得分	62%	64%	72%	75%	85%
RiskMark 四分位数（百分位数）	27（第三分位）	47（第三分位）	51（第二分位）	70（第二分位）	75（第一分位）
存在 3 个不合格因素的设备数量	12	12	6	3	0
存在 2 个不合格因素的设备数量	0	0	6	3	0
存在 1 个不合格因素的设备数量	0	0	0	0	0
标准保费	100%	94%	92%	83%	71%

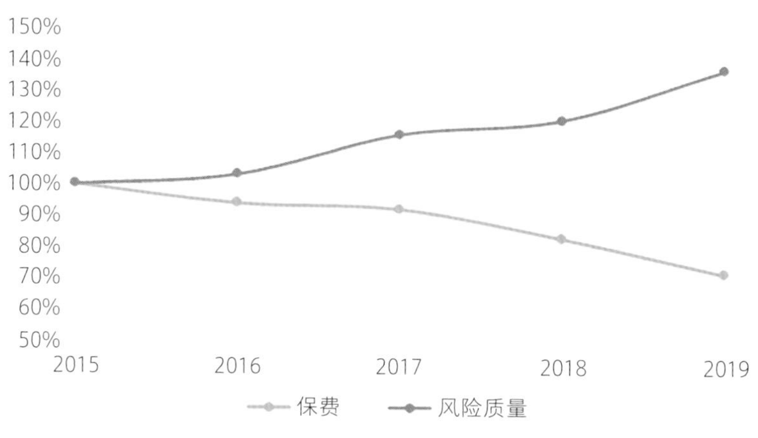

图 8-4　五年内风险质量与保费的变化关系

两者之间具有明显的相关性。所有用于衡量风险质量的指标均表明，五年期限结束时，风险质量有了显著改善，标准保费大幅下降了29%。如果风险质量得到保持，同时暂时忽略资金的时间价值，若2014年的标准保费为100万美元，该电站将在30年的生命周期内节省近800万美元的财产和业务中断保险费。

但保险费并不能说明一切。为了更好地理解这种风险质量改善的完整财务影响，我们需要理解总风险成本（TCoR）的概念及其对公用事业公司整体企业价值的影响。

8.8 总风险成本

电站管理者将设备故障相关风险限于人员伤亡、设备和建筑物损坏以及发电容量损失，这是很正常的。这些风险本身可能非常重要，但还需要捕捉与风险相关的所有成本，旨在作出更明智的风险管理决策。

TCoR定义为以下成本之和：

- 保费是转移风险的成本。如前文所述，如果风险管理得当，可以降低保险费。
- 税收和费用通常是保险计划中的一项重大成本，因此需要考虑在内。
- 风险控制成本是用于实施损失控制和风险管理解决方案以降低风险所需的费用。其中包括维护消防等缓解系统所需的持续费用。在风险控制方面投入资金会对保险成本产生重大影响。良好的风险控制，还可以通过降低损失的规模来减少直接和间接损失成本。
- 直接损失费用是保险的免赔额。免赔额度大小反映了公用事业公司的风险控制措施和风险偏好。管理良好的风险有助于保留更高的免赔额，从而降低保费。要不，可将其作为条件，与保险人协商一个较低的免赔额。

- 间接损失成本可能是 TCoR 的最大贡献者，通常比损失事件本身造成的直接损失高出许多倍。其中很多成本通常是不可转移的。
- 管理费用是与完成风险管理计划以及在发生损失时向损失理算师支付的相关费用。

在电站，与财产损害风险（包括设备故障）相关的 TCoR 可以通过冰山形象地体现出来，如图 8-5 所示。“冰山一角”是被广泛认可的影响，如设备和建筑物的损坏、发电容量损失以及人员伤亡。冰山的其余部分隐藏在水平面以下，代表了上文列出的所有其他成本，尤其是间接损失成本。发电站可能经常忽视这些隐性成本，这可能导致风险被低估，最终造成风险控制和风险管理决策不佳。

保险费、佣金、服务费用、管理费
风险评估与风险控制
免赔额

错失增长机会
客户和市场份额损失
公司声誉和商誉损失
投资者丧失信心
管理时间
环境影响
社区与员工关系
法律诉讼
员工安全

图 8-5　明显的直接财务影响与扩大的外围财务影响风险

间接损失成本涉及范围可能非常广泛，包括：

- 环境破坏。设备故障经常引发火灾。在火灾发生期间，润滑油、变压器油及其他危险物质的释放，以及水、泡沫、干粉灭火剂及其他灭火用物质的释放，都会造成环境破坏。
- 污染。石棉和多氯联苯常见于老式发电站。火灾发生时，这些材料会对周围地区造成重大破坏。火灾后，还需要进行特殊清理和净化程序。
- 对公众造成伤害或死亡。就位于城市地区、工业厂房或工业园区内的电站而言，情况尤其如此，因为人们经常离电站很近。
- 损害公共财产。火灾可能蔓延到电站以外的区域。受污染的烟雾会对建筑物造成大面积的严重破坏。火灾也可能蔓延到建筑物内。
- 罚款。因设备故障或火灾造成的无法供电，可能会导致向与公用事业公司签署了供电合同的客户支付罚款。
- 法律行动。受设备故障影响的客户和公众提交的诉讼，可能会给公用事业公司带来巨大的成本。
- 声誉受损。媒体对重大火灾的报道，特别是在人口密集或敏感地区的相关报道，可能会对公用事业公司造成重大声誉或品牌损毁。设备故障引发电价上涨或发电容量不足，甚至造成工业和住宅用户供电中断，会产生强烈的负面媒体报道，造成声誉受损。
- 市场份额损失。声誉受损会导致长期的市场份额损失。由其他公用事业公司向受设备故障影响的客户供应电力，也会导致市场份额损失。即使变电站修复了，这些客户可能也不会重新合作了。
- 错失增长机会。一家公司从一次重大供电中断中恢复过来后，部分增长目标可能无法实现了。这些影响的严重程度会随着时间的推移而增加。

- 投资者信心。遭受重大损失的公司往往被投资者视为具有较高风险，可能导致更高的资金成本。

冰山类比也是一种能够帮助公用事业公司和发电站管理人员了解财产损失、业务中断及其他保险政策如何应对这些成本费用的有效的方法。大多数保险主要针对“冰山一角”所对应的风险，对间接损失成本提供有限的保险或不提供保险。我们必须认识到，仅凭保险并不一定能确保公用事业公司在发生损失后财务方面不受影响。

如果可以对保险范围之外的损失成本实现量化，则在进行风险管理和损失控制投资决策时，就可以充分考虑财产损失的全部影响。将所有的直接损失成本都换算成美元价值来衡量是不可能的，但有些损失成本可以通过对公用事业公司的企业价值建模来实现量化。

8.9 企业价值方法

贴现现金流量（DCF）模型是衡量公司财务价值的一种公认的、被广泛使用和理解的方法。这是根据公司未来将产生的现金流来估计公司的企业价值，并使用公司的资本成本贴现为现值。

量化许多间接损失成本对公用事业公司的影响，可通过比较两个贴现现金流量（DCF）模型的结果来实现。上述 DCF 模型为一个假设业务照常进行，另一个假设发生重大财产损失事件。

回顾案例研究 3X 的 150MW 开式循环电站，最坏的可预见损失为燃气轮机叶片故障，导致润滑油泄漏并引发火灾。经验表明，这种损失预计将导致燃气涡轮发电机彻底毁坏，同时造成燃气涡轮辅助机组和燃气涡轮控制模块受损，尽管火势不太可能蔓延到升压变压器和相邻机组位置。

整个发电站可能被停运至少 1 个月进行调查，然后两个未受影响的机组才能恢复正常发电业务，受损机组的修复估计至少需要 18 个月。该机组的发电和调度会中断大约 20 个月，在此期间约有公用事业总调度的 2.5% 将受到影响。

另一种方案是公用事业公司投入良好的风险管理实践。在这种情况下，基于状态的资产管理计划可能会在故障发生之前检测到涡轮叶片开裂或可能导致开裂的状况。这需要付出重大成本——安装必要的仪器和系统、持续分析和维护这些系统的费用，以及在停电计划之外拆卸一台机组（假设）通常的费用。这种拆卸活动，电站可以更换开裂的叶片或采取措施消除可能导致叶片开裂的状况，进而避免损失事件的发生。机组发电和调度中断 1 个月。

可使用 DCF 方法对这两种情境进行建模，以比较对公用事业公司企业价值的影响——实施良好的风险管理和基于状态的资产管理计划所产生的额外风险控制成本，与电站之前的临时维护措施及一个燃气轮机叶片故障损失。

8.10 业务案例建模

出于研究的目的，本案例创建了一个相对简单的 DCF 模型，但显然可以开发更为复杂的版本，更精确地反映公用事业公司的实际业务情况。该模型假设：对基于状态的资产管理项目的投资是在第一年进行的，故障损失发生在第二年。该模型运行时间为 5 年。

正常情况下，该公司的 10 台发电机组计划每年总发电量为 20,000 GWh，平均价格为 90 美元 /MWh，收入则可以达到 18 亿美元。预计调度量将以每年 1% 的速度增长，平均价格将以每年 2% 的速度增长。大多数运营及其他业务支出，包括资本支出，在两种情境下都是可比较的，并基于故障损失发生前的收入预测（燃料除外），与发电量和以利润为基础的公司税收成正比。

因损失造成设备和建筑物损坏的修理费用，或无法维修或者维修成本较高的情况下更换设备和建筑物的费用，以及在 20 个月停机期间的收入损失，除了免赔额外，均可根据保险单予以赔偿。请注意，根据基于状态的资产管理计划而进行的额外拆卸，不在保单承保的范围之内，因为在此过程中不会发生财产损失。

我们未对因故障造成的员工或公众受伤，甚至死亡情况建模。此外，未指定损失概率，尽管如果有足够大的数据池用于确定可靠估计值就有可能做到这一点。

表 8-2 列出了该模型的其他假设。

表 8-2　案例研究商业模型假设

风险管理方法	主动维护，执行基于状态的资产管理计划	被动维护，执行制造商推荐的维护方案
风险控制成本	每台发电机组的安装费用为 100 万美元，每台发电机组每年的分析和维护费用为 10 万美元，以每年 2% 递增；另外还有 500 万美元的额外拆卸费用	零
财产损失和业务中断保险费	第一年为 19,980,000 美元，第二年为 14,125,680 美元，随后每年增长 1%	每年 19,980,000 美元，以每年 1% 递增
	根据之前的讨论，风险质量高的电站支付的保险费用降低 30%。在该模型中，风险质量低的电站支付的保费不会因损失而增加	
保险税费	财产损失及业务中断保险费的 25%	
风险管理的管理费用	每年 1,800,000 美元，以每年 3% 递增	
财产损失和业务中断保险免赔额	零，因为未发生损失	600 万美元

续表

未投保的环境清理	零，因为未发生损失	100万美元，用于清理漏油、消防水、泡沫及其他在损失事件中释放的污染物
未投保的处罚	零，因为未发生损失	例如，当局因污染物排放和客户违约而征收的500万美元
长期市场份额损失	零，因为未发生损失	该公用事业公司在长期电力合同中占据可观的市场份额。损失的新闻报道导致几份合同不再续签和取消，因为客户认为公用事业公司可信度降低。这导致故障损失后的市场份额损失约2.5%
错失增长机会	零，因为未发生损失	在故障损失之后，由于管理层将工作重点放在恢复供电和受损声誉上，造成公用事业公司的计划增长仅实现了约25%
资金成本	7%	故障损失后，投资者对公用事业公司的信心随之下降，资金成本增加5%至7.35%

8.11 结果

就其本身而言，在风险控制方面的初始投资额相当大——1000万美元用于在整个公用事业公司的发电资产组合中安装基于状态的资产管理仪器和系统。即使在保险费和相关费用及税收方面节省了大量资金，用“回收期”等传统方法从单纯的财务角度来证明这一点仍具有挑战性。

然而，如果这一策略仅能防止电站生命周期内发生一次涡轮叶片意外故障，那么企业价值将取得令人震惊的结果。

在第一年应用了基于状态的资产管理计划后，该公用事业公司模型中的企业价值达到了79.16亿美元。故障损失将这一价值减少了4.61亿美元，即5.8%，折合74.55亿美元，这一数字将该计划实施成本置于一个截然不同的背景下，且定会引起董事会的注意。

表 8-3　案例研究业务模型结果 - 风险控制成本与影响成本

类别	企业价值影响
风险控制成本	+2360 万美元
财产损害及业务中断保险费减免	–9120 万美元
保险免赔额（投保范围涵盖剩余业务中断损失）	–370 万美元
保险范围未涵盖环境清理费用和罚款	–370 万美元
故障损失年度市场份额下降4%，随后3年分别下降了3%、2%和1%	–1.477 亿美元
故障损失年度计划增长率下降50%，随后3年分别下降了30%、10%和5%	–1.032 亿美元
资本成本增加了5%	–1.353 亿美元
对企业价值的整体影响	–4.612 亿美元

从表8-3中可以看出，上述价值减少主要归因于间接损失成本，正如我们所注意到的，在评估风险改进的可行性时，该部分成本往往被忽略。但很明显，在评估风险成本时需要全局考虑，而企业价值方法就这一点而言是一种可行的方法。

8.12 结论

重要的是，资产所有者必须明确了解：与设备故障相关的大量损失成本不包括在保险范围内。能够量化所有损失成本（即总风险成本）并了解保险范围未涵盖的项目，将有助于资产所有者作出良好的风险管理决策，同时还能证明投资于良好的风险控制实践的合理性。

对于由保险公司承保的客户，保险公司根据每个地点的实际风险设定条款和条件采用了资产管理策略，提高了在重大故障发生之前检测到设备状况恶化的可能性，因此可以降低保险成本。

然而，正如案例研究所证明的那样，保险成本的降低幅度很小，因此仅依靠保险成本来证明风险控制投资的合理性具有一定挑战性。

但是，与采用良好风险管理实践时所减少的总风险成本相比，在良好风险控制实践上的支出更有说服力。

对于案例研究中的虚拟电力公司，其发电组合中有 10 台机组，贴现现金流量模型显示，仅一台故障机组就会导致约 6% 的下降，或 5 年内电力公司的企业价值减少了约 5 亿美元。仅一次单一机组故障所造成的企业价值损失，是为防止这一单一故障而在整个机组群体中实施风险控制措施所花费成本的 20 倍。

为了让资产所有者作出良好的风险管理决策，并帮助证明投资于良好资产管理实践的合理性，需要了解总风险成本和保险的限制条款。

参考文献

[1] FMGlobal, See https://www.fmglobal.com/about-us/our-business

[2] RiskMark: The Free Library. 2012 A.M. Best Company, Inc. 06 Jul 2020. https://www.thefreelibrary.com/RiskMark%3a+FM+Global.-a0276808529

特伦斯·李（Terence Lee）是 FM Global 的高级客户工程师，主要为澳大利亚的发电客户提供服务。他本人现居澳大利亚悉尼。在来悉尼之前，Terry 在 FM Global 新加坡办事处担任了三年的运营总工程师，职责是为 FM Global 的工程师和客户提供技术和工程指导。在这之前，Terence 在 FM Global 美国总部工作了六年时间，负责 FM Global 电气损失预防数据表。Terence 在 FM Global 工作了 26 年，大部分时间都在担任现场工程师。Terence 拥有电力公司背景，是 IE Aust、IEEE 和 CIGRE 的成员。他参加了多个 IEEE 和 CIGRE 工作组，协助编写了与变压器、发电机、变电站和资产管理相关的标准。他取得了莫纳什大学电气工程（荣誉）学士学位、理学学士学位和风险管理硕士学位。

特伦斯·拉迪米尔（Terence Rademeyer）是FM Global的高级客户经理，主要服务于发电、采矿和铝冶炼等高挑战行业的客户。他居住在澳大利亚悉尼，在FM Global工作了18年，先后担任过现场工程师、客户工程师和客户经理等职位。Terence拥有采矿业背景，担任过各种工程和管理职位。他拥有机械工程学士学位（BSc Eng）、工商管理硕士学位（MBL），还是ANZIIF认证的特许保险专业人士（CIP）。

斯图亚特·塞尔登（Stuart Selden）是FM Global在亚太区的业务风险咨询（BRC）经理，其总部位于悉尼。BRC专注于风险量化和灵活规划，与客户合作，了解和管理业务中断的财务影响。BRC将业务建模和财务分析与FM Global的核心工程专业知识相结合，帮助客户开发灵活、量身定制且高效的风险管理解决方案，增强其业务灵活性。Stuart于2002年BRC成立之初加入BRC，当时BRC总部位于英国。2010—2016年，他在英国、新加坡和美国担任FM Global客户服务相关职位，之后前往澳大利亚并重新加入BRC。在加入FM Global之前，他是奥地利Ernst & Young公司的企业融资高级经理。他取得了华威大学工商管理硕士学位，是一名特许保险师和特许治理师。

9 ESB 架空输电线走廊间隙风险管理

杰森·诺克托（Jason Noctor）
大卫·奥布莱恩（David O'Brien）
奥伊辛·阿姆斯特朗（Oisin Armstrong）

杰森·诺克托（J. Noctor）（✉）
大卫·奥布莱恩（D. O'Brien）
奥伊辛·阿姆斯特朗（O. Armstrong）
ESB 公司（地址：爱尔兰都柏林）
e-mail: jason.noctor@esbi.ie

© 瑞士施普林格自然股份公司 (Springer Nature Switzerland) 2022
G. Ancell 等人 (eds.)，电网资产，CIGRE 绿皮书
https://doi.org/10.1007/978-3-030-85514-7_18

目　录

摘　要

架空输电线（OHL）沿线的外部电气间隙现已成为输配电系统运营商的安全关注点。由于植被和其他基础设施的违规行为会给架空输电线路造成各种故障隐患，而这些故障隐患又会对公众安全构成风险，并可能中断对电力用户的供电，因此，为清除此类故障隐患，对输电走廊沿线资产进行审慎管理至关重要。对电气间隙要求进行管理的另一相关原因是，随着植被所遮挡的架空输电线（OHL）走廊沿线风冷效果下降，OHL 可能会出现过度弧垂情况，从而加大与障碍物接触的风险。这也是输配电系统运营商对接近额定容量或满负荷运行的架空输电线（OHL）尤其关注的一个点。

考虑到这些方面，显然需要研制一种对植被所造成的间隙障碍进行风险评估和管理的方法。因此，我们开发了一种新方法，并将其应用于爱尔兰最近实施的某一重载 110kV 架空输电线（OHL）项目，从而得出一种可对架空输电线（OHL）沿线潜在和 / 或实际的间隙障碍进行优先排序和消除的风险评估方法。本案例研究将围绕这一新方法展开介绍。

9.1 引言

从架空输电线（OHL）资产管理角度来看，确保公共安全，以及对电力用户的持续供电十分重要。按照法定限制要求保持导线与植被、地面、道路和输电线走廊内其他基础设施之间的电气间隙，是实施此过程的重要组成部分。对电力公用事业公司来说，面对可能对公众安全构成风险，并威胁电网可靠性的植被、地形和其他障碍物，极具重大意义的做法是制定一个可对相关间隙进行评估的适当程序。基于此，爱尔兰国家公用事业公司旗下一个名为“ESB 工程和重大项目（EMP）”的工程设计组开发了一种方法，可用于对这些障碍物类型中最紧急的间隙障碍进行优先排序。此方法可对各种间隙障碍的规模、程度和后果进行风险评估，并对这些间隙障碍进行相应归类。在此过程中，经 ESB EMP 发现，植被与架空输电线（OHL）之间的间隙要求设计标准在实际中存在各种挑战，从而导致对植被间隙要求进行审查的情况。其审查结果是确定了基于风险和优先级的间隙区，并考虑了连续几年收集的植被生长的保守评估结果。

9.2 背景

架空输电线（OHL）沿线的外部电气间隙现已成为输配电系统运营商的安全关注点。由于植被和其他基础设施的违规行为会对电气间隙造成各种障碍，而这些障碍又会对公众安全构成风险，并可能中断对电力用户的供电，因此，为清除此类障碍，对输电走廊沿线资产进行审慎管理至关重要。一个显著示例便是对 2003 年加拿大安省和美国东北部部分州停电的调查结果，由此得出的结论是植被与架空输电线（OHL）发生接触成为停电的一个主要原因［伊图恩（Ituen）等人，2008 年］。尽管在这起事件出现前不到 3 个月，就已对与发生故障相关的四条线路中的三条线路进行了植被清理检查，但最终还是出现此事件。

对电气间隙要求进行管理的另一相关原因是，随着植被所遮挡的架空输电线（OHL）走廊沿线的风冷效果下降，可能会导致架空输电线（OHL）出现过度弧垂情况，从而加大与障碍物接触的风险（CIGRE

工作组 B2.12，2006 年）。与其他较为空旷的地方相比，由于这些遮挡走廊的风向可能与输电线平行，进而降低风冷效果，因此，遮蔽走廊沿线风速降幅可高达 60% [阿尔瓦雷斯（Alvarez）、弗兰克（Franck），2016 年]。另外，据报告，在电流密度极高的情况下，被遮蔽的架空输电线（OHL）沿线导线的温度差高达 50℃（CIGRE 工作组 B2.43，2014 年）。低风速威胁架空输电线的一起极端案例发生在爱尔兰东南部，植被茂密的走廊通道发生了导线故障。通过对该故障进行一番调查，得出的结论是在发生故障的遮挡区域风速较低，造成温度偏移超出标称极限，致使输电线弧垂超标和强度下降。这也是输配电系统运营商对接近额定容量要求或满负荷运行的架空输电线（OHL）尤其关注的一个点 [阿姆斯特朗（Armstrong）等人，2018 年]。

考虑到这些以往的经验，显然需要研制一种对植被所造成的间隙障碍进行风险评估和管理的方法。因此，我们开发了一种新方法，并将其应用于爱尔兰最近实施的某一重载 110kV 架空输电线（OHL）项目，从而得出一种可对架空输电线（OHL）沿线潜在和 / 或实际的间隙障碍进行优先排序和消除的风险评估方法。

9.3 爱尔兰输配电网

爱尔兰输电系统和配电网主要由长达 16 万 km 以上的架空输电线（OHL）组成，为该国高度分散的人群提供供电服务。目前面临的一个重大挑战是对输电线数据进行控制、处理和管理，以此帮助优化日后对这些资产作出的管理决策。为克服这一挑战，我们可有效利用激光雷达、OHL 设计软件和内部专用应用程序等技术帮助作出基于风险的资产管理决策。通常可在激光雷达测量的基础之上结合现场所收集的相关数据，快速收集地理空间信息，并精确构建现有架空输电线

（OHL）的3D模型，然后通过这些模型确定植被可能和/或实际对输电线造成的障碍。

爱尔兰对植被间隙要求作出相关规定的方法是基于EN50341-3-11中所概述的四种天气条件。该文件从“最高工作温度（MOT）”“大风”“仅冰”和“风冰混合”这四种天气条件，对树木与架空输电线（OHL）之间的间隙作出了相关规定。根据这四种天气条件，爱尔兰在20世纪70年代引入了树木间隙经验法则，允许伐木检查员实施这些间隙要求。然而，伐木检查员曾面临与这些植被间隙规则有关的各种实际挑战，这些规则要求应用导线最高工作温度（MOT）（通常为80℃）的规定清理。

然而，在爱尔兰，导线通常不会出现这种最高工作温度（MOT）的情况，相反，这些导线的现场运行电力负荷水平和温度通常较低。种种观察结果表明，在大多数检查和测量情况下（即植被对走廊未造成严重遮挡），所发现的导线弧垂与导线在30℃以下和正常天气条件下运行相关（如环境温度15℃，相对于输电线的正常风速为5m/s）。

此外，还可证明一点的是，为让导线温度比环境温度高出10℃，该导线通常需要按照最大额定值的50%左右承受电力负荷，因此，资产管理公司检查员实际面临的其中一个困难是确定可用的剩余间隙，即在最高工作温度（MOT）下植被线顶部与导线之间的间隙。为此，我们开发了一个所谓“现场间隙裕度”的参数概念。

9.4 现场间隙裕度

对于之前所面临的种种挑战，现如今均已通过所谓“现场间隙裕度”的创新概念得以解决。此概念根据保守的0℃工作温度条件下的导线弧垂假设对间隙作出了相关规定，并会根据输电线电压、输电线配置、跨度长度和跨度内位置情况而发生变化。鉴于爱尔兰的典型环境温度为 15℃，而导线工作温度通常比环境温度高 5℃（假设无明显电力负荷），按照这一方法，即使导线工作温度在 0℃以上，可确保计算出的导线温度偏保守的结果。在不进行热计算的情况下，可假设导线工作温度超出 20℃的发生概率相对较低。

如图 9-1 所示，“现场间隙裕度”是根据架空输电线（OHL）0℃~80℃工作温度条件下的弧垂范围和架空输电线（OHL）与树木之间的间隙要求函数计算的。对于架空输电线（OHL）与树木之间的间隙要求，是从植被的最大允许高度开始测量的，该标准规定植被高度可达 3m（如果有，外加盈余），在满足最小垂直间隙要求的任何架空输电线（OHL）下方和附近。

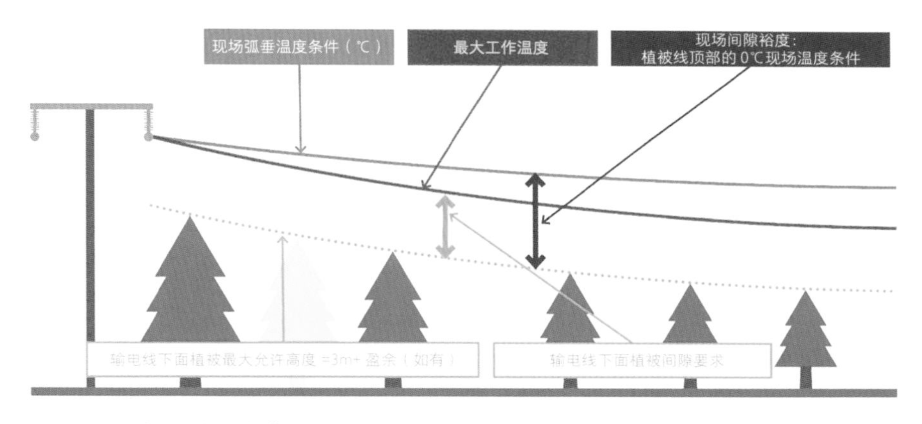

图 9-1 现场间隙裕度［“现场间隙裕度”会根据输电线电压、跨度长度和输电线配置情况而发生变化，并计算为 0℃~80℃（32° F~176° F）工作温度条件下弧垂范围和架空输电输电线下面树木间隙要求的函数］

在对现场间隙裕度作出相关规定之后，便能够将植被高度与导线典型工作温度范围内的架空输电线（OHL）日常现场弧垂条件关联起来，有助于对树木倒落风险和架空输电线（OHL）下树木生长风险进行修订分类。通过对这两种风险进行分类，有助于提高评估架空输电线（OHL）状况的准确性。

9.5 树木倒落风险

无论是在无风天气条件下，还是在有风天气条件下，一旦植被落在架空输电线（OHL）或其支架上，或与之靠近，都会给资产的可靠性带来很大的风险。因此，为确保留出适当的间隙，必须考虑架空输电线（OHL）沿线树木的倒落距离。为此，可确定水平摆动区界限。“水平摆动区”是指在大风或风冰混合的最差天气条件下相外导线的横向摆动最大距离，此概念有助于对植被间隙作出相关规定。研究发现，在计算水平摆动区时，风和冰的混合天气条件成为一个最为关键的因素，因为将该天气条件的水平部分和垂直部分相结合后所得出的倾斜弧垂大于大风天气条件。此外，风冰混合天气条件下的导线最大极限位置也代表了一个关键位置，可用于区分树木倒落区和树木生长区。这样一来，与之前的植被间隙相关规定相比，间隙距离更为保守，因此，在确定修订后的间隙包络的外部界限方面至关重要。

图 9-2 显示了对现有植被管理方法作出的另一重大改进（即将导线离地测量高度用作确定水平摆动区的一种方式）。如此一来，可将植被最大允许高度扩至水平摆动区极限。在超出该距离的情况下，植被最大允许高度将取决于最大水平摆动区与植被最大允许高度 45° 角下交会点的输电线投影。

与修订前的方法相比，修订后的方法存在显著差异，在于按照水平摆动区宽度扩大输电线下面和邻近植被的 3m（如适用，外加盈余）最大允许高度。这之所以代表对修订前方法的一种改变，是因为 45° 平面角度只是始于有风天气条件下的关键位置，即树木倒落区和树木生长区之间的过渡点（最大水平摆动位置与植被最大允许高度的交会点），而根据修订前的方法，该平面角度始于相外导线的 3m 水平间距。这对树木生长区的植被提供了一种较为保守的管理方法。

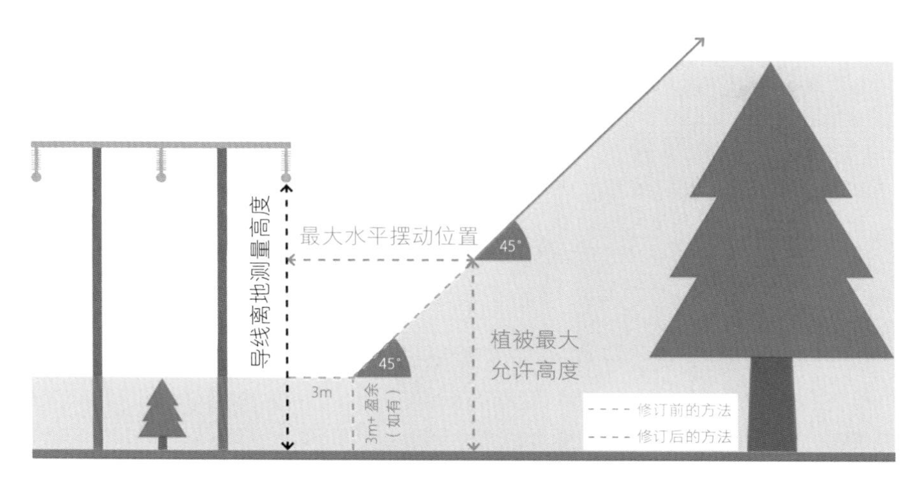

图 9-2　树木倒落风险方法修订前后比较

注：与修订前的方法相比，修订后的方法规定了较大的水平间隙包络，以便树线在外导线水平间距 3m 和离地 3m 的交会点以 45° 角进行投影。

此外，修订后的树木倒落风险方法还为坡度高达 10% 的正横坡留出了余地，缓解了修订前的方法中所存在的风险，即在树基地面标高大于架空输电线（OHL）下面高度的位置，树木倒落后可能会接触架空输电线（OHL）。

9.6 OHL 下面植被生长风险

“OHL 下面的植被生长”是指架空输电线（OHL）下面或邻近的植被垂直向上生长，并在生长一段时间后出现违反最低间隙要求情况的风险。与树木倒落风险相比，OHL 下面的植被生长会对架空输电线（OHL）的安全构成较为直接的威胁。这是因为它可能发生在导线最高工作温度（MOT）（通常为 80℃）的无风天气条件下或在仅结冰天气情况下承受电力负荷时。在大风天气条件和风冰混合天气条件下，也会出现 OHL 下面的植被生长风险增加的情况。在人们看来，由于植被生长不受控制而与架空输电线（OHL）发生接触的可能性比树木倒落事件更大，而植被倒落一般只在树木/植被朝着架空输电线（OHL）方向倒落的情况下，或在恶劣的天气条件下才会发生。

为了管理OHL下面的植被生长所带来的风险，ESB EMP根据爱尔兰植被生长测量值开发了一种风险管理方法。此方法可根据导线最高设计工作温度下违反间隙要求的风险等级规范，对架空输电线（OHL）所面临的植被生长威胁进行分类。这些间隙要求可通过“现场间隙裕度”与正常输电线工作温度相关。

通过对激光雷达在连续生长期内测量的植被生长速度进行统计评估之后，我们获得了1.4m的植被年均最大生长速度。如表9-1所示，为管理架空输电线（OHL）下面和邻近植被生长，我们根据这一增长率将风险分类为“普通”风险、“紧急事件”风险、“突发事件”风险。这些风险分类区适用于由水平摆动区确定的相外导线横向间距，并结合架空输电线（OHL）下面树木间隙要求（如上文所述）和EN50341-1:2012中所概述的最小对地净距（D_{EL}），以形成间隙包络。D_{EL}是指“在快波或缓波前过电压期间，为防止相外导线与地电位物体之间出现破坏性放电而需要的最小空气间隙”。D_{EL}之所以成为一个重要的考虑因素，是因为如果植被违反最小空气间隙要求，将极有可能出现闪络的重大风险。

表9-1　OHL下面植被生长风险分类区

分类	对间隙裕度下限的违反程度	植被生长风险缓解措施——砍伐时间范围
普通风险	0.7m以内	12个月
紧急事件风险	0.7m~1.4m	6个月
突发事件风险	1.4m至电压水平下的D_{EL}	1个月

注　这些风险区根据植被调查时的导线最高工作温度和导线现场实测弧垂进行分类。这些风险分类区同时考虑了水平摆动区和最小对地净距（D_{EL}）。对于被发现造成间隙障碍的植被，必须按照规定的缓解措施进行砍伐。

进行“普通”风险、“紧急事件”风险和“突发事件”风险分类的目的是形成一致的植被生长风险分类方法，并根据所预测的生长速度提出相应的植被砍伐时间范围。按照架空输电线（OHL）下树木间隙要求的下限评估植被生长风险，约等于一个生长期（如 1.4m），取决于电压的最小对地净距要求，以及取决于该电压水平的最小对地净距（D_{EL}）的突发事件区域变量的总和。

据此，将风险分为以下三种类别（各类风险总结见表 9-1）：

普通风险 间隙包络中的植被对架空输电线（OHL）下面树木间隙要求下限的违反程度在 0.7m 以内（半生长期）。发现位于此风险区的植被，为避免生长风险可能进入紧急事件风险区，必须在 12 个月内对此植被进行砍伐。

紧急事件风险 间隙包络中的植被对架空输电线（OHL）下面树木间隙要求下限的违反程度大于 0.7m 但小于 1.4m（1 个生长期）。发现位于此风险区的植被，为避免生长风险可能进入突发事件风险区，必须在 6 个月内对此植被进行砍伐。

突发事件风险 间隙包络中的植被对架空输电线（OHL）下面树木间隙要求下限的违反程度大于 1.4m 但小于 2.8m、2.6m 或 2.1m（对应 OHL 电压分别为 110kV、220kV、400kV）。发现位于此风险区的植被，为避免植被生长可能出现违反空气间隙最低要求的情况，必须在 1 个月内对此植被进行砍伐。

对于高于突发事件风险等级的树木或植被，可视为违反了最小对地净距要求。由于这种植被极有可能带来闪络风险，因此，必须在停电情况下立即进行砍伐。

如图 9-3 所示，对于普通风险区、紧急事件风险区和突发事件风险区，分别按照黄色、橙色、红色三种颜色进行了分类，相关人员可通过这种易于理解的形式了解植被生长所带来的风险程度。

“普通”风险、“紧急事件”风险和“突发事件”风险分类情况说

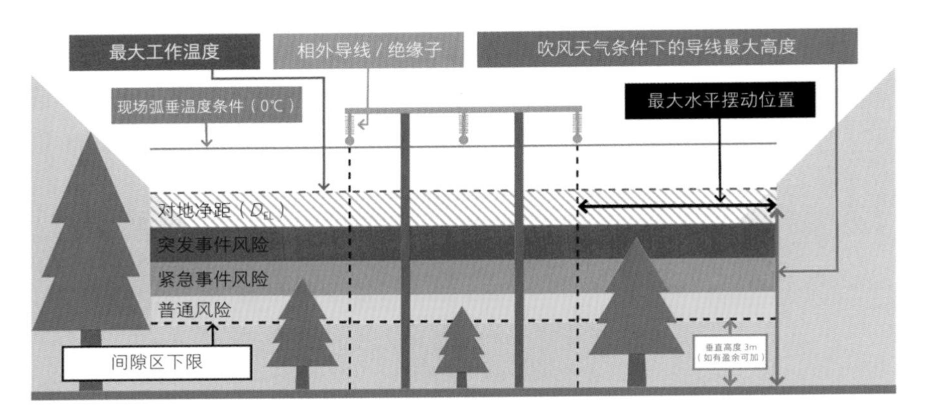

图 9-3　修订后的 OHL 下面植被生长风险分类区

注：图为修订后的 OHL 下面植被生长风险分类区情况。ESB 采用一种基于颜色的方法对架空输电线所面临的植被垂直向上生长风险进行分类。该图在首次采用新的植被管理标准时使用，以说明不同风险分类区与 0℃和最高工作温度条件下的导线之间的关系。

明见图 9-3。

图 9-3 为修订后的间隙包络延线情况，即植被横向延伸至最大水平摆动区的极限，并且按照间隙区下限垂直向上生长（包括普通风险区、紧急事件风险区、突发事件风险区、D_{EL} 风险区）。

9.7　导线间隙管理应用

出于对 110kV 架空输电线（OHL）可能出现电流负荷较大，以及导线接头温度较高的担忧，ESB EMP 对建于 20 世纪 50 年代的电路进行了快速热评估。对于位于爱尔兰中部地区的架空输电线（OHL），总长为 41.7km，并大部分配备了横截面积为 300mm^2（0.465 平方英寸）（美国“狮牌”）原厂钢芯铝绞线。我们通过设计软件包处理了激光雷达信息，并结合内部开发的应用程序对导线进行了热容评估。有了这些信息后，我们共发现 22 个由地形和其他障碍物造成的间隙障碍，并将此情况上报资产管理相关人员，以便实施相关缓解措施。

考虑到修订后的间隙要求，还通过设计软件使用地理空间地形模型对架空输电线（OHL）到沿线走廊植被的间隙要求进行了一番评估。为确定植被对架空输电线构成生长和/或树木倒落风险的相关位置，我们进行了植被间隙评估，并确定了因植被茂密、遮挡较为严重而存在热容超标风险的走廊（见图 9-4）。这有助于针对性开展植被间隙清理成为优先事项。

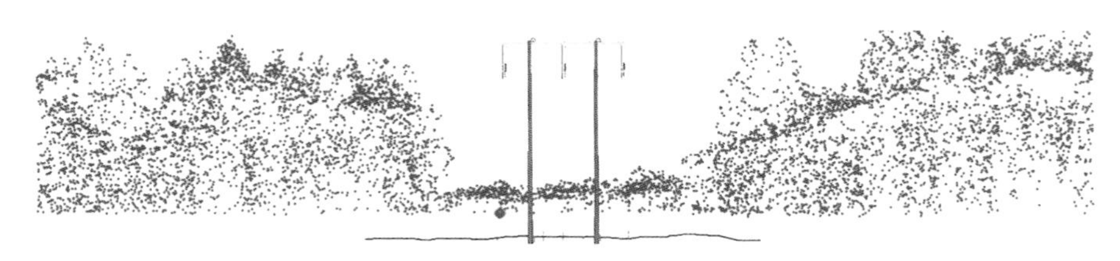

图 9-4 110kV 架空输电线植被间隙评估

注：对这条 110kV 输电线的评估，确定了沿线结构和中跨位置的遮挡走廊。管理架空输电线（OHL）沿线的植被遮挡走廊对于缓解低风速的降温影响十分重要。

与此同时，我们还根据修订后的间隙标准对 OHL 下面植被生长风险进行了评估，并编写了一份风险评估报告，并发给了公用事业公司资产管理经理，向其概述了评估过程中所发现的间隙障碍情况，以及为解决违反间隙要求的问题而建议采取的相关缓解措施。图 9-5 通过相关示例说明了被发现并随后予以补救的植被间隙违规类型。

技术的运用在对这一特定的 110kV 架空输电线（OHL）作出及时有效的资产管理决策方面发挥了重要作用。在评估过程中，我们发现了多个经风险评估的间隙障碍，并建议了针对性的缓解措施。此示例侧重说明了当前为持续确保公众安全和电网可靠性而采用的一种既全面又准确的方法。

图 9-5　架空输电线路上的植被间隙障碍示例

注：架空输电线路上的植被间隙障碍，会对电网产生不良影响。为确保能够对电力用户持续进行供电，保持架空输电线（OHL）资产健康，以及确保公众和维护工作人员自身安全，必须对这些间隙障碍适当管理。

9.8 总结

本章所述的风险评估方法是 2019 年引入的修订版植被管理企业标准的一部分。此企业标准是由整个机构的不同利益相关方协作之下共同制定的，并进行了持续测试。在试验阶段，根据现场所提供的积极反馈信息，证实了快速准确测量潜在间隙障碍能够带来的优势，便于线路巡视人员有针对性地采取各种缓解措施，并开展特定预防工作。

ESB EMP 现已确定了引入这种基于风险的走廊间隙方法可以实现的几个潜在经济效益，包括减少激光雷达捕获电网参数的次数，更重要的是，通过提高电网供电持续性和可靠性的方式节约财务成本。

ESB EMP 的目标是自动化实施上述基于风险的植被间隙规则。此举将可能大大减少通过设计软件包来对所有庞大的架空输电线（OHL）网络进行建模，以识别间隙障碍的需求。这样能够更及时有效地处理大量的激光雷达数据，从而实现规模经济，降低劳动成本。这种方法可能包括热容计算和调整间隙裕度，以便在必要时考虑温升情况。

人们认识到，在日后的工作中，有可能会通过数据分析来强化这种方法的运用，包括开发一种自动识别特定树木和植被物种的方法，同时详细收集这些物种的生长速度信息，从而提高评估准确性。

引入基于风险的架空输电线（OHL）走廊间隙管理方法是一种较为积极的进步，而修订后的间隙规则和植被管理标准为及时有效地管理走廊间隙障碍指明了一条道路，此外，还从充分利用自动化技术中实现经济效益。

参考文献

[1] Alvarez, J.R., Franck, C.: Evaluation of the accuracy of a thermal rating model to estimate the temperature of operational transmission lines. CIGRE Sci. Eng. 4, 53–62 (2016).

[2] Armstrong, O., Carroll, A., Southern, G., O'Brien, G. (ESB International): Low wind speed occurrences and aging conductors: more than just a sag problem? In: Proceedings IEEE T&D Conference, Denver (2018).

[3] CIGRÉ Working Group B2.12: Guide for selection of weather parameters for bare overhead conductor ratings. Technical brochure no. 299 (2006).

[4] CIGRÉ Working Group B2.43: Guide for thermal rating calculations of overhead lines. Technical brochure no. 601 (2014).

[5] EN50341-1:2012: Overhead electrical lines exceeding AC 1 kV – Part 1: General requirements – common specifications.

[6] EN50341-3-11:2001: National normative aspects for Ireland based on EN50341-1:2001 overhead electrical lines exceeding AC 45 kV – Part 3: Set of national normative aspects.

[7] Ituen, I., Sohn, G., Jenkins, A.: A case study: workflow analysis of powerline systems for risk management. Int. Arch. Photogramm. Remote. Sens. Spat. Inf. Sci. 36, 331–336 (2008).

杰森·诺克托（Jason Noctor）是 ESB 工程和重大项目（EMP）的一名架空输电线路工程设计工程师。2017 年，他在爱尔兰都柏林大学学院完成了土木工程与商业硕士学位，然后加入 ESB EMP 的 OHL 设计标准组正式开始个人职业生涯。他与 ESB 的资产管理部保持密切合作关系，共同制定了可进行现场实际运用的植被管理标准，并在 CIGRE 会议和 CEATI 会议上展示了有关成果。

大卫·奥布莱恩（David O'Brien）是 ESB 工程和重大项目（EMP）的一名 GIS 专家和踏勘测量员。他主要负责管理 ESB 的 LiDAR 框架，为整个公司提供 GIS 支持，同时负责开展测量工作（包括高压变电站激光扫描测量）。他具有 9 年的工作经验，其中包括在澳大利亚多年的工作经验，并为 EMP 的测量程序编写了诸多作业指南。

奥伊辛·阿姆斯特朗（Oisin Armstrong）是 ESB 工程和重大项目（EMP）的一名高级专家，主要负责管理 ESB 的架空输电线设计系统和程序。他有着近 30 年的公用事业公司工程实操经验，曾牵头架空输电线激光雷达测量的实施，并曾致力于将高温低弧垂导线引入爱尔兰输电网。他为 CIGRE 和 IEEE 等机构编写了诸多与这项工作有关的技术论文 / 出版物。

10 Axpo-ERIS：一种基于可靠性的电网投资优先排序规划新措施

约尔格·科特曼（Jörg Kottmann）
丹尼尔·摩尔（Daniel Moor）
大卫·莱宁（David Lehnen）

约尔格·科特曼（J. Kottmann）（✉）
丹尼尔·摩尔（D. Moor）
大卫·莱宁（D. Lehnen）
Axpo Grid AG 公司（地址：瑞士巴登）
e-mail: Joerg.Kottmann@axpo.com

© 瑞士施普林格自然股份公司 (Springer Nature Switzerland) 2022
G. Ancell 等人 (eds.)，电网资产，CIGRE 绿皮书
https://doi.org/10.1007/978-3-030-85514-7_19

目 录

10 Axpo-ERIS：一种基于可靠性的电网投资优先排序规划新措施

摘 要

电网运营商的工作是在保持电网运行的可靠性和高效性的同时协调资产投资，从而促进电力系统的增长和发展，并对现有基础设施进行维持。这些目标需要相互进行权衡。Axpo 开发了一种可根据资产负载、电力系统拓扑和资产状况来估算电力系统可靠性指数（ERIS）的方法。此方法有助于根据可靠性评分来高效进行扩建规划、替换规划和升级规划。对于可再生能源发电与新型电力负荷的结合，以及老化资产故障发生概率对电网供电可靠性的影响，可根据可靠性评分进行估计。通过这种分析方法，可得出相关资产投资方案（如“不采取任何行动”方案、翻新方案、更换方案、升级等）的有效性。

10.1 整合电网扩建规划和老化资产更换

电网运营商通常会考虑单独进行扩建规划和老化资产更换：一方面，预期未来电力负荷潮流和自有规划原则均适用于扩建规划，而资产更换通常根据图 10-1 所示的状况 - 重要性图进行优先排序：如果某一运行资源对电网的重要性高于另一运行资源，并且二者状况较为相似，则前者会被赋予较高的优先级。

但是，何为确定必要行动需求的目标值？有条不紊地将扩建投资和升级投资分开单独进行的做法是否正确？毫无疑问，在对电网存在

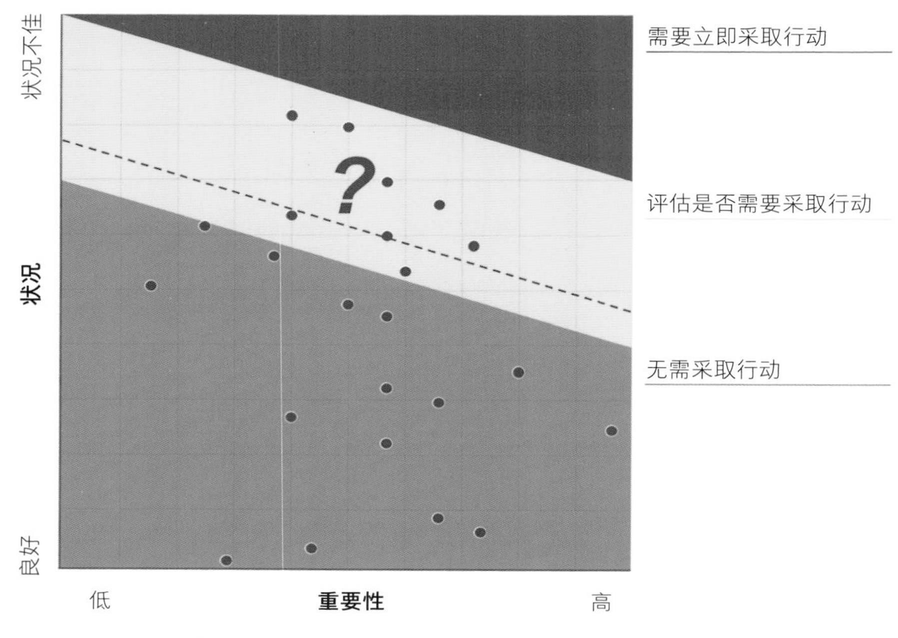

图 10-1　用作升级规划依据的典型状况 - 重要性图

相同要求的情况下，与（n–1）或（n–0）嵌入资产相比，（n–2）安全嵌入电网的资产更新需求较低。更重要的是，如果可以使用的投资预算是有限的，则扩建投资往往需要与升级投资竞争这些有限的预算资金。那么如何对这些投资进行相互比较？

为回答这种问题，Axpo 开发了一种可用于评估供电质量的可靠性指数质量评分量表，便于电网运营商确定所需电网可靠性水平，并按照此水平对扩建投资和 / 或升级投资高效地进行系统性调整。

用于评估电网可用性的常见评分大多是历史值（如 SAIDI*/SAIFI**），这些评分对于未来特别是对于互联电网几乎无任何参考价值。诸如（n–1）冗余度的标准既不能解决运行资源的状况问题，也

* **译者注**　系统平均中断持续时间指数。
** **译者注**　系统平均中断频率指数。

不能解决电力系统额外输电的裕度问题。虽然可通过可靠性计算方式来计算预期 SAIDI，但这种计算方式非常耗时，并且需要使用可靠的数据库，而这种数据库几乎无法提供［博福（Boffo）等人］。再者，根据各种电网拓扑结构所计算的 SAIDI 只存在细微差别，这也是可靠性计算并不适于对供电质量进行系统性量化分析的原因所在。

10.2 电网可靠性计算值

此方法可提供一个关键数字，并提供电网可靠性计算值。评估时，可依据第 4 节所述的电力负荷、拓扑结构和状况这三大类别。计算结果数值范围为 0~120（见图 10-2），而目标值范围为 80~100。当数值超出 100 时，则说明投资过度。同样，如果电网或电网区域的 ERIS 评分低于 80，则有必要采取行动，但如果数值低于 60，则是不能接受的。

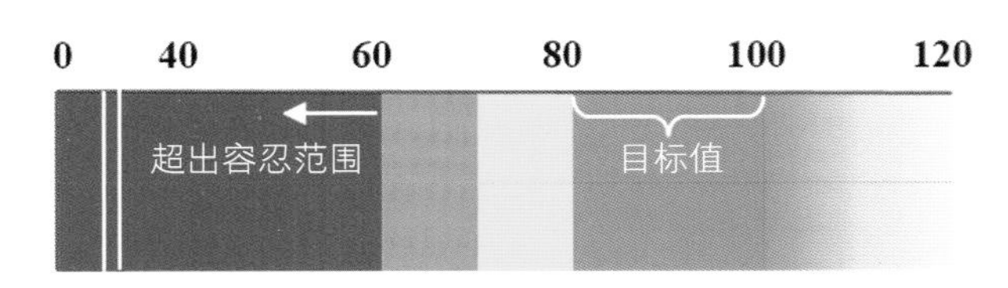

图 10-2　可靠性评分的不可接受和目标范围值

此方法可用于测量整个电网乃至各电网区域的可靠性。在细分电网区域时，可汇集较为相似的用户结构，以及发生故障后会对彼此造成重大影响的发电厂。图 10-3 以开环运行的中压电网为例对两个区域的情况进行了说明。

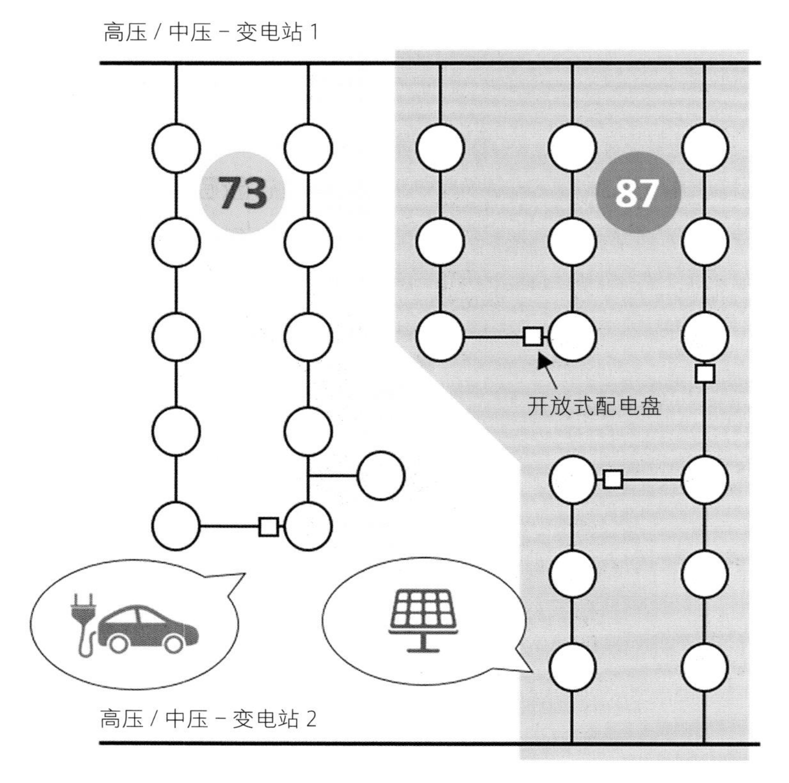

图 10-3　某一典型中压电网中的两个区域及其可靠性评分

10.3 综合评估法

图 10-4 显示了基于电力负荷、拓扑结构和状况这三大类别的 Axpo-ERIS 方法示意图。可根据这三大类别得出总评分。

根据规划原则，需要根据电网具体要求评估供电质量。如此一来，将得出令人不可接受的目标范围值（见图 10-2）。

输入

电力负荷潮流（18 个标准）
- 容量基础案例
- 容量突发事件案例
- 电压分布

拓扑结构（12 个标准）
- 啮合度
- 自动化程度
- 总线配置

状况（9 个标准）
取决于数据的可用性，如：
- 使用年龄
- 状况评估结果

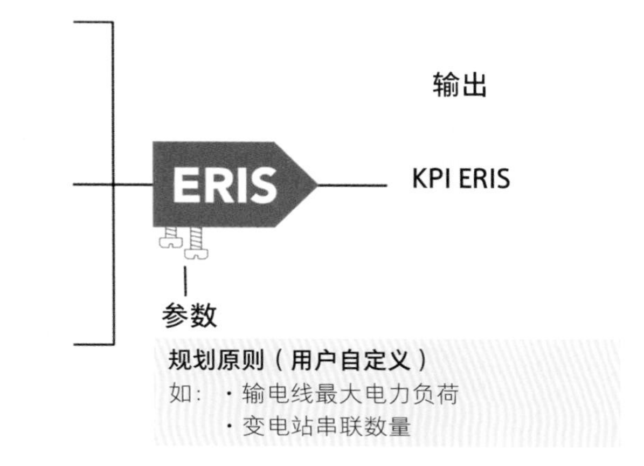

图 10-4　Axpo-ERIS 方法

10.3.1　电力负荷评估

为评估电力负荷，无论是在正常工作模式下（n–0），还是在其中一个设备出现停电的情况下（n–1），都需要计算节点电压和节点电流。设备（如输电线、电缆、变压器）电流负荷越接近最大值，和 / 或电压与目标运行值之间的偏差越大，电网可靠性就越低（见图 10-5）。

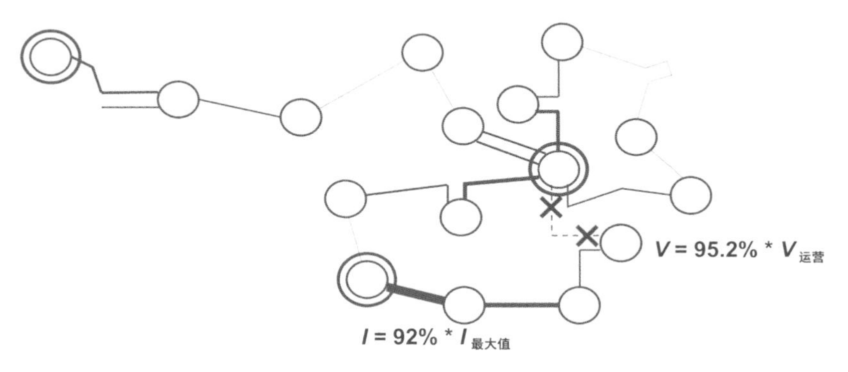

图 10-5　停电对电流和电压响应影响的计算示例。在此类规划场景中，可通过分析方式确定接近或超出电流或电压限制的最关键元素和节点

对于较为常见的辐射状中压电网，同样需要考虑进行切换的可能性（见图 10-6）。然后，将计算结果与规划原则（如电压允许偏差）进行比较。

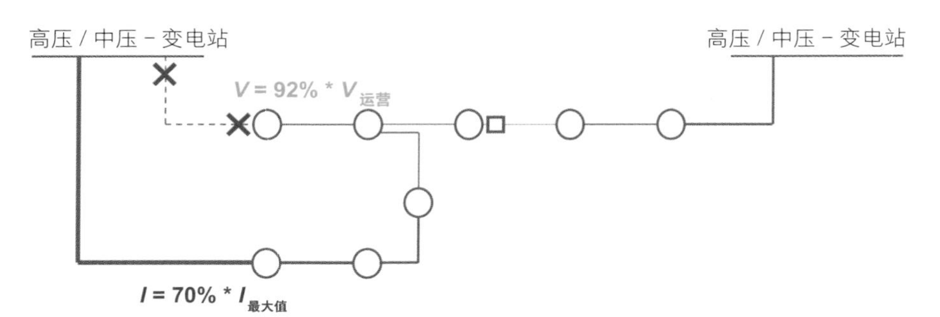

图 10–6　可进行两种切换方式的中压电网停电事件计算示例

电网未来电力负荷主要取决于用电量假设和发电量假设。如图 10-3 所示，在细分电网区域时，可结合各种区域差异（如城市地区电动汽车所产生的较高电力负荷）。

10.3.2　电网拓扑结构评估

此方法考虑了冗余度：显然，（*n*–2）电网的可靠性高于（*n*–1）电网，而（*n*–1）电网的可靠性又高于（*n*–0）电网。然而，还可对此方法进行深入运用。

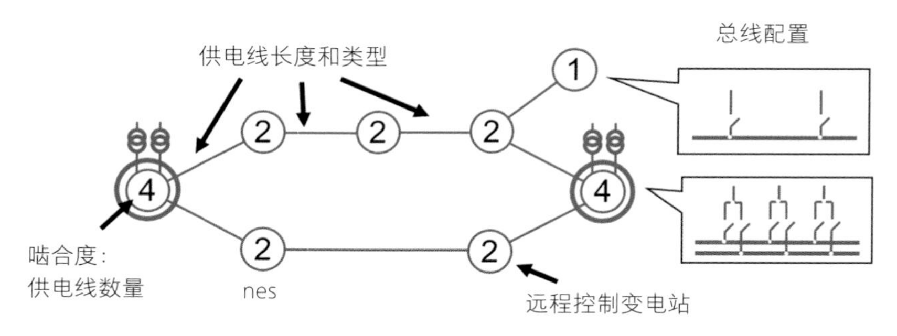

图 10–7　电网拓扑结构评估时的关键变量

图 10-7 为某一电网区域示例的独立供电线数量情况。上下路均为（*n*–1）。然而，经评估，基于以下两个原因，上路情况不佳：一是，上路发生断电的可能性较大——电网中两个运行资源发生故障，导致该电网区域发生故障的这种可能性更大。上路也能够允许影响比较大的断电，因为最多可同时关闭三个变电站。二是，评估内容也包括输电线和开关类型的设备［齐默尔曼（Zimmermann）］。

对于中压电网，本地电网变电站的自动化程度和远程可控制性非常重要。尽管与未配备停电监控器的变电站相比，配备停电监控器的变电站有助于进行有效评估，但与具有远程可控切换功能的变电站相比，评估效果则逊色一筹。

高压开关设备是远程控制的，很少有例外。这就是为何不对远程可控性进行评估。相反，对于基于变电站布局的开关设备内部切换选项，则需要进行评估。有了规划原则之后，必然会对电站进行布局。与连接到输电网的变电站相比，仅配备一条供电线的开关设备对冗余度的要求较低。

10.3.3 状况评估

在状况评估方面，此方法通过电网运营商的现有模型评估相关资产状况，从而评估该资产发生故障的可能性。

Axpo 所用的估值模型开发人主要为诺依曼（Neumann）和巴尔泽（Balzer）［诺依曼（Neumann），1997 年、2002 年］和［巴尔泽（Balzer），2005 年、2006 年］。通常，不仅需要考虑通过现场检查、多年积累的调控数据和传感器数据所得出的结果，还要考虑备件可用性等因素。如果只能提供少量数据，也可仅根据运行资源的使用年龄 / 建造年份估计其状况评分。

10.4 此方法使用优势

此方法可针对所有电网和部分电网的供电质量提供一个数值（见图 10-8），而且电网运营商也可通过此方法确定自身对电网可靠性的期望值。

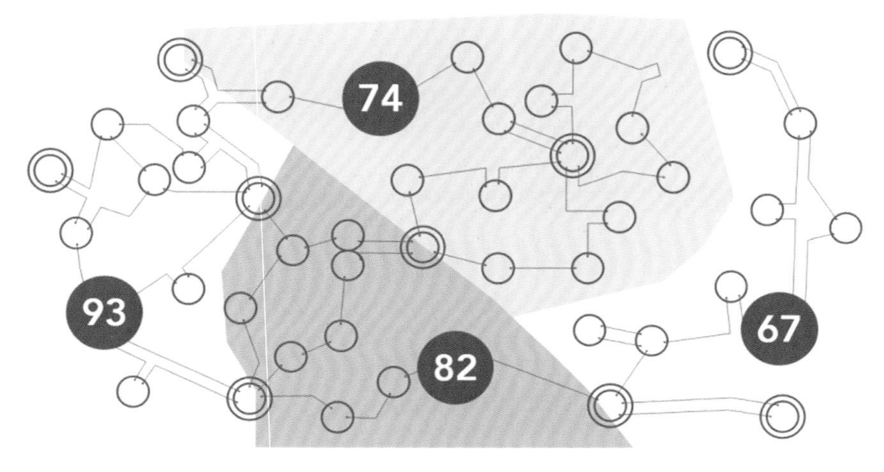

图 10-8　不同电网区域的分析评分

通过比较目标值，有助于确定是否需要采取行动，这不仅是为了现在，也是为了未来，以应对电动汽车和馈线日益分散所带来的影响（见图 10-9）。各地区的负荷开发程度不同，其 ERIS 评分结果也会存在差异。因此，每个地区需要采取的行动可以直观地展现出来。与我们所掌握的次级输电示例不同的是，如果在中低压电网中，本地可再生能源发电能力较强，一般都会出现评分恶化，以及导致需要采取行动的情况。

通过将供电质量显示为单一数字或评分，可以对不同方案进行公开比较，并从成本 / 效益角度进行仔细评估（见图 10-10）。

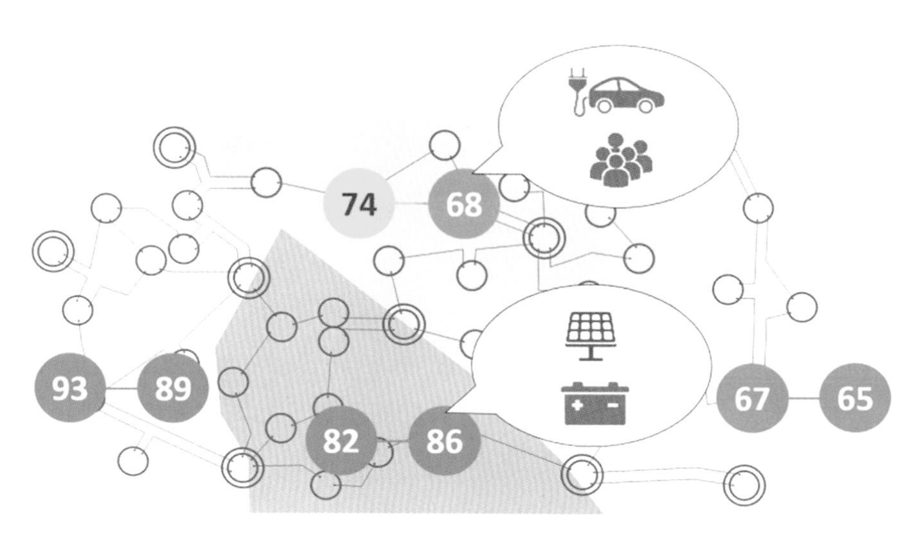

图 10-9　确定现在和未来需要采取的行动

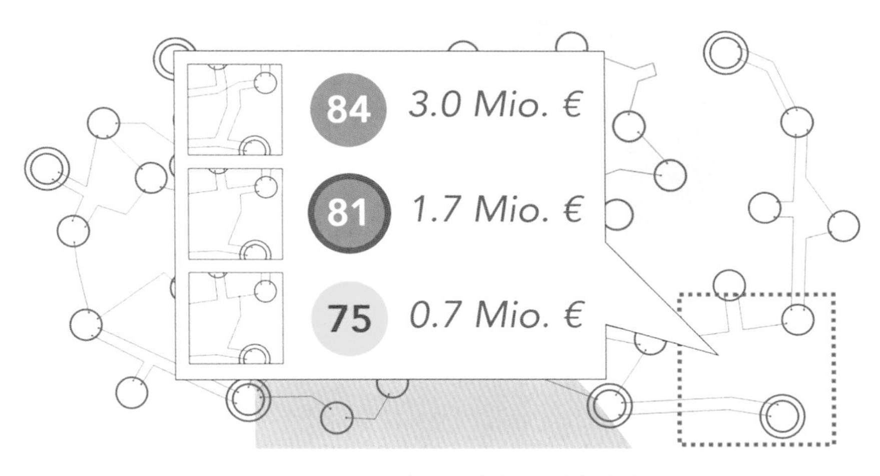

图 10-10　比较不同级别的投资策略

投资策略在用电量下降的情况下，则可完全通过经济适用的方案来实现预期供电质量水平，但如果预期用电量会增加，则应选用价格更高的方案（见图 10-11）。

由于此方法考虑了运行资源的状况和老化情况，因此，可从整个电力系统的角度确定理想的升级时间（见图 10-12）。

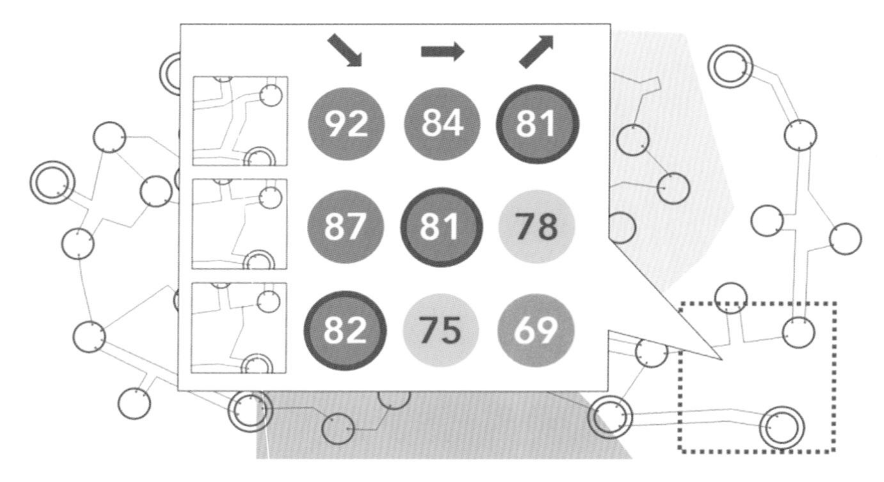

图 10-11 确定不同电力负荷变化（下降、平缓、增加）对策略的影响

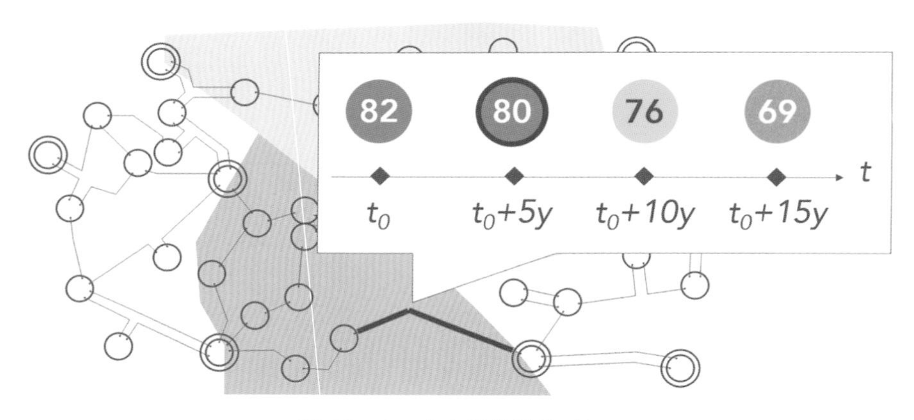

图 10-12 确定最佳替换时间

由于 ERIS 同时评估扩建措施和翻新措施，因此，可对这两种措施进行相互比较。如此一来，便能作出关于升级或翻新的高效投资决策（见图 10-13），

在此基础上，可以确定不同投资策略的影响情况。图 10-14 显示了根据 5 个可选投资方案，四个电网区域 10 年来的评分情况。如果不进行任何投资，则这两个电网区域的评分将会降至不足 60 分的非允许范围值；但如果仅进行翻新投资，则可按照大致相同的水平保持

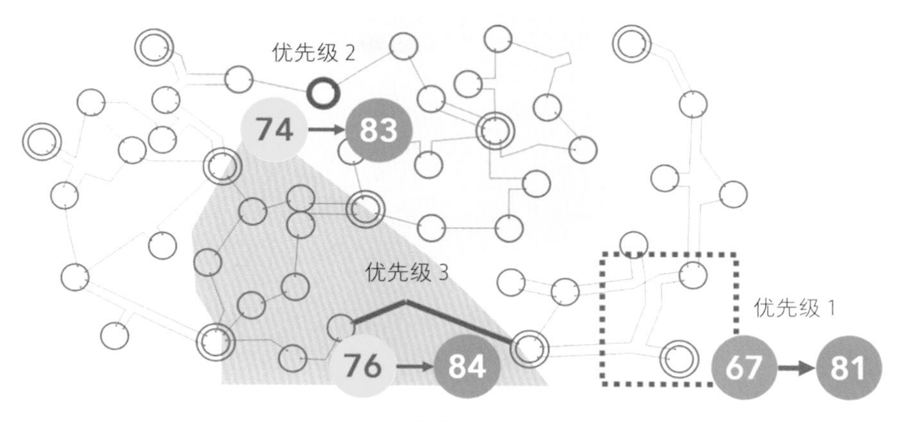

图 10-13　电网优化措施和替换措施的优先排序

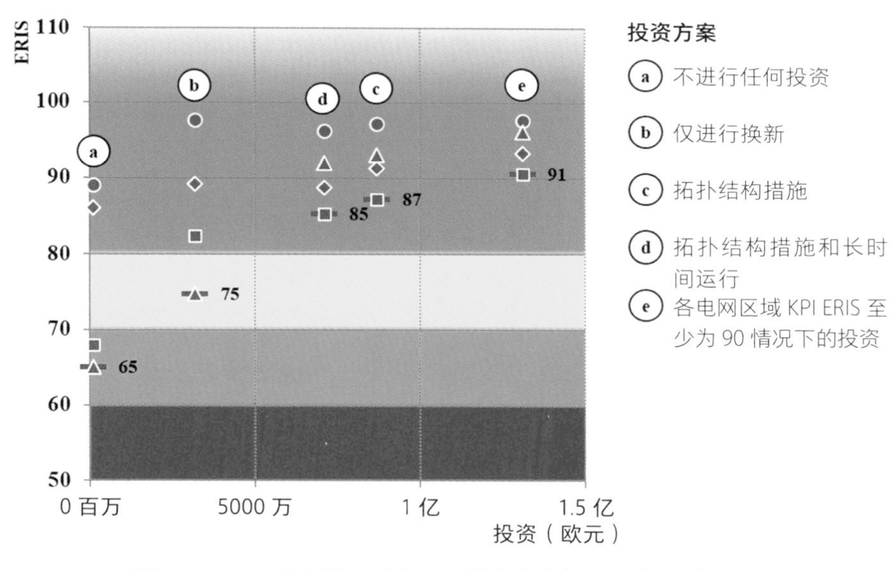

图 10-14　四个电网区域在不同投资方案情况下的 10 年评分

数值。如果某一电网区域的数值在黄色范围值之内，则仅通过拓扑结构角度单纯额外采取相关措施，可将该数值提升至 80~100 的目标范围值。如果让所有电网区域的数值至少达到 90，则需要大大提高投资力度。值得商榷的是，仅仅是电网可靠性的小幅上升，能否说明这种投资是合理的？有了 ERIS 方法后，可对“尽可能高的供电质量”

和“尽可能低的成本效益”这两个相互矛盾的目标进行系统性协调，并与资产所有者进行适当的具体商讨。

一旦确定了正确的投资策略，在日常运行中，仍可通过状况 - 重要性示意图（见图 10-1）来确定待翻新措施的实施顺序。然而，此方法为各单一资产提供了正确的重要性：在无此资产的情况下，评分越低，它对电力系统就越重要。图 10-15 通过示例说明了对红色所示变压器重要性的确定过程，而这一重要性是根据蓝色所示电网区域在未配备红色所示变压器的情况下的评分得出的。换句话说，这一重要性与未配备变压器情况下的电力负荷潮流和电网拓扑结构，以及电网区域内其他所有设备状况有关。譬如，红色所示变压器的重要性越高，蓝色所示变压器的状况越差，则发生故障的可能性也就越大。

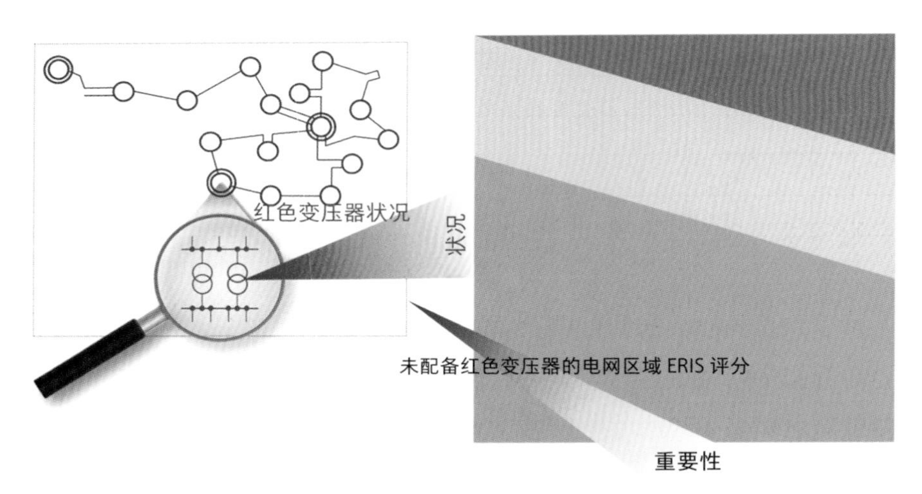

图 10-15　状况—重要性示意图（在无运营资源的情况下，评分越低，就越重要）

Axpo 对 ERIS 方法的实施非常成功。Axpo 致力于尽可能与更多的电网运营商共享这种发展较为成熟的 ERIS 方法。迄今为止，共有两家电网和资产规划软件供应商实施了 ERIS。一旦确定相关电力负荷模式，只需按下按钮即可计算 ERIS 评分。可以高效地确定电网扩建措施和翻新措施，并对不同方案公开进行相互比较。对各电网运营商来说，可选择实施适当的规划原则，以评估符合对电网可靠性所提出的具体要求。

10.5 应用示例

现在面临的一个问题是，在新建开关设备时，一台馈电变压器是否够用。为回答这一问题，可对配备一台变压器、两台变压器，分别对至少三种电力负荷情况下的评分进行计算（见图 10-16）。

对于电力负荷骤升的情况，配备一台变压器的方案评分为 79，略低于 80~100 目标范围值。这一数值之所以略低于 80，主要是因为在（*n*–1）事件中，变压器的最大利用率为 104%，高于 100% 目标值，但仍远远低于 120% 的最大允许值。由于该电网区域的电力负荷预计会下降，因此，该开关站使用一台变压器足矣。

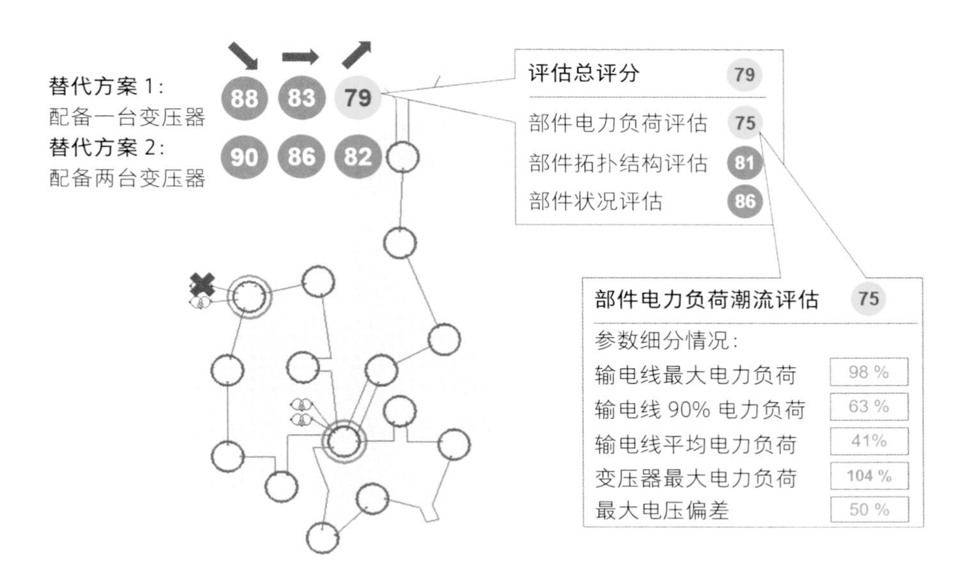

图 10-16　替代方案比较

参考文献

[1] Balzer, G., Schorn, C.: Asset Management for Infrastructure Systems, Book. Springer, Verlag (2015).

[2] Balzer, G., Halfmann, N., Neumann, C., Orlowska, T., Strnad, A.: Life cycle management of circuit-breakers by application of reliability centered maintenance, Cigre, Paris, Report A3, 13–177 (2000).

[3] Balzer, G., et al.: Life cycle assessment of substations: a procedure for an optimized asset management, Cigre, Paris 2002 A3, Report 13–304 (2002).

[4] Balzer, G., Drecher, D., Heil, F., Kirchesch, P., Meister, R., Neumann, C.: Selection of maintenance strategy by analysis of service experience. CIGRE SC A3 & B3 Joint Colloquium, Tokyo 2005, report 113 (2005).

[5] Balzer, G., Bakic, K., Haubrich. H.-J., Neumann, C., Schorn, C.: Selection of an optimal mainte- nance and replacement strategy of HV equipment by a risk assessment process. CIGRE 2006, Paris, Report B3, 103 (2006).

[6] Bertling, L., Allan, R., Eriksson, R.: A reliability-centered asset maintenance method for assessing the impact of maintenance in power distribution systems. IEEE Trans. Power Syst. 20(1), 75–82 (2005).

[7] Boffo, W., Koglin, H.-J., Wellssow, W.: Zuverlässigkeitsberechnungen

mit Daten aus der VDEW- Störungsstatistik. Elektrizitätswirtschaft. 93/94(6), 278–286 (1994).

[8] Neumann, C., Weck, K.-H.: Störungs- und Schadensanalyse: Feedback für Diagnostik von Betriebsmitteln aus dem Netzbetrieb. ETG Symposium "Diagnostik elektr. Betriebsmittel", Feb. 2002 in Berlin.

[9] Neumann, C., Borchert, A., Schmitt, O., Balzer, G.: Zustands- und wichtigkeitsorientierte Instandhaltung und Erneuerung von Hochspannungsschaltanlagen mit Datenbankunterstützung ETG Technical Report 97, Diagnostik elektrischer Betriebsmittel, 145–150 (1997).

[10] Zimmermann, W., Osterholt, A., Backes, J.: Comparison of GIS and AIS systems for urban supply networks, ABB Review, 2 (1999).

约尔格·科特曼（Jörg Kottmann）现为Axpo AG公司的一名“资产管理负责人”，近20年来，他在Alpiq和Axpo担任过各种职务。他拥有苏黎世联邦理工学院的MBA和物理学博士学位。

丹尼尔·摩尔（Daniel Moor）是瑞士巴登Axpo Grid AG公司的一名“战略资产管理负责人”。自1985年以来，他在SBB公司和Axpo公司担任过各种技术职务。他拥有苏黎世应用科技大学的电气工程学位。

大卫·莱宁（David Lehnen）2014年获得由瑞士联邦理工学院苏黎世分校颁发的电气工程和信息技术硕士学位。在编写硕士论文时，他主要研究Axpo次级区域配电网中的同步电机的机电振荡。毕业后，他以项目工程师身份加入Axpo公司，主要参与电力系统规划工作，并侧重于通过性价比最高的电网满足未来电力需求。在此过程中，他高度参与了ERIS质量评分的开发工作。

11 ENMAX 资产故障敏感性排序

凯文・万（Kevin Wan）
布萨约・阿金洛耶（Busayo Akinloye）
杜鲁门・瀬户（Truman Seto）

凯文・万（K. Wan）
布萨约・阿金洛耶（B. Akinloye）（✉）
杜鲁门・瀬户（T. Seto）
ENMAX，加拿大卡尔加里
e-mail: BAkinloye@enmax.com

© 瑞士施普林格自然股份公司 (Springer Nature Switzerland) 2022
G. Ancell 等人 (eds.)，电网资产，CIGRE 绿皮书
https://doi.org/10.1007/978-3-030-85514-7_20

目　录

11 ENMAX 资产故障敏感性排序

摘　要

对运营资产管理的投资进行排序或优先级排序是一个关键需求。资产健康指数 / 关键性方法通常用于制定可选资产投资的优先级列表，如《电网资产管理方法研究》* 第 6 章“运营资产管理”所述。本案例研究概述了使用资产故障敏感性排序的替代方法详情。在本案例研究中，使用监督机器学习法对 ENMAX 系统中的地下配电电缆进行了月度和年度排序。由于其采用的统计算法具有可重复性，该排序系统的框架可以应用于大多数配电系统资产（设备）。本章对数据挑战和分析进行了讨论。

11.1 引言

地下住宅配电（URD）系统是资产故障发生次数最多的系统。这些故障，在其他故障类型中，包括从开关、弯头、接头到导体的故障。尽管这些故障事件对 SAIDI** 的影响可能并不大，但事件发生频次可能很高，这会使公用事业公司损失相当大的被动人员工时数和资金（以美元计）。

公用事业资产更换计划旨在更换那些被认为最容易发生故障的资产，然而，大多数计划仅仅基于资产使用年限或实验室测试。实验室

* 译者注 《电网资产：投资、管理、方法与实践》第 1 部分。
** 译者注 系统平均停电时间。

测试可能既花费高昂又耗时，而资产的使用年限本身并不一定表明资产的故障敏感性。可以作为资产故障发生可能性指标的资产特征，包括过去的故障历史、资产类型、制造商和环境条件，以及使用年限。为了提高运营意识，先进的数据分析方法可以结合多个因素的影响，同时确定故障概率最高的资产。

利用 10 年的历史故障事件，我们使用机器学习算法为卡尔加里的 URD 电缆创建了一个故障敏感性排序模型，其中考虑了各项资产特征。

11.2 配电系统数据挑战

OMS（停机管理系统）可以记录导致配电系统停机的故障事件。在大多数情况下，这些记录的关键部分都依靠现场人员的手动输入。这种手动输入过程可能会引起数据质量问题，从而影响正确分析。

例如，在 URD 系统中，准确的模型创建在很大程度上依赖于记录过去故障的位置。如果位置不准确，则可能无法创建模型，或者会导致创建的模型不准确。因此，拥有准确的记录系统来捕获有关停机事件的所有必要信息变得至关重要。

为了创建工作模型，需要使用静态资产属性来分析过去的故障事件。因此，资产数据库非常重要。建立模型需要导体类型、制造商、安装日期、中性点类型、埋设回填材料、埋设方式等 URD 资产信息。维护和更新该数据库应作为公用事业公司的首要任务。

11.3 机器学习

机器学习是人工智能的一个子集，可以定义为在没有进行明确编程的情况下教授系统执行特定任务的过程。图 11-1 对传统编程和机器学习（Stefanus 2019）进行了比较。

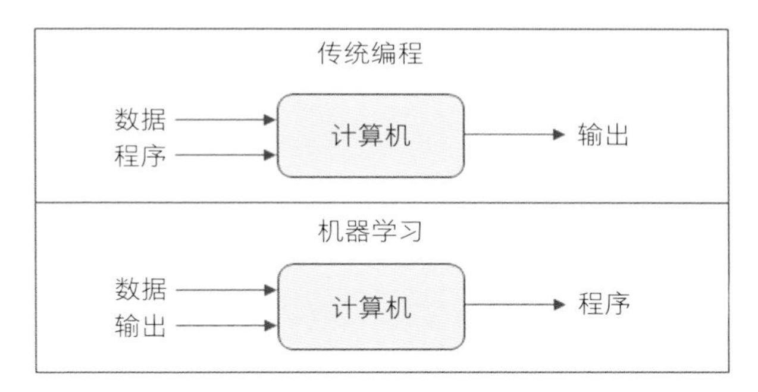

图 11-1　传统编程和机器学习（Stefanus 2019）的比较

机器学习可通过以下方法来解决实际问题：

（1）收集与问题相关的信息组成的数据集；

（2）基于该数据集对统计模型进行算法训练。

假定将统计模型以某种方式用于解决实际问题。统计模型的训练被称为“学习”。学习可以分为监督、半监督、无监督和强化学习。

11.3.1　监督学习

监督学习算法的目标是利用数据集来生成一个模型。该模型将特征向量（x）作为输入，并且输出允许为该特征向量推导标签（y）的信息（Brownlee 2016）。例如，用患者数据集创建的模型可以将描述患者的特征向量作为输入，并输出患者患癌症的概率。另一个例子是邮箱内的垃圾邮件检测，可以分为两大类：“垃圾邮件”和“非垃圾邮件”。在监督学习中，预测类别的问题称为分类；而预测实数的问题称为回归。

11.3.2 无监督学习

无监督学习算法的目标是创建一个以特征向量（x）为输入的模型，并将其转换为另一个向量或可用于解决实际问题的值。例如，在聚类分析过程中，模型会返回数据集中每个特征向量的聚类 ID。聚类对于在大量对象集合中查找相似对象组（例如图像或文本文档）非常有用（Brownlee 2016）。通过使用聚类，分析人员可以从大量未标记示例中抽取足够具有代表性但较小的子集进行手动标记：从每个聚类中抽取少量示例，而不是冒着只对彼此非常相似的示例进行采样的风险，直接从大型集合中采样。

11.3.3 半监督学习

在半监督学习中，数据集包含有标记和无标记的示例。通常，未标记示例的数量要远远高于标记示例。半监督学习算法的目标与监督学习算法一致。

11.3.4 强化学习

强化学习适用于需要使用机器作出一系列决策的情况下。在这种情境下，下一个决定取决于之前已作出的决定。游戏、机器人和自动驾驶汽车用的模型都是通过完全或部分使用强化学习算法开发的。

11.3.5 学习排序

假设您运营着一个电子商务网站，站内提供各式各样的男女冬季服装。基于潜在客户的搜索词 / 短语，您就可以为他们提供商品清单。

为了最大限度地提高您商品的点击率和购买概率，应该进行以下操作：

（1）基于与搜索词 / 短语的相关性对整个库存进行排序，并确定前 *N* 个排序最靠前的相关商品；

（2）向潜在客户展示所选的 *N* 个商品，其排序基于获得点击的概率。

典型的分类和回归算法不会简单地适合于此类问题语句，在这种情况下，库存中的所有项目都将成为客户的意向商品。为了获得库存中每件物品的相对点击概率，需要确定单件物品相对于库存中的所有其他物品的排序位置。这一点可通过排序算法实现。

排序算法在以下情景中得到广泛应用（Mohri 2019）：

（1）搜索引擎；

（2）欺诈检测；

（3）员工留任建模；

（4）分层决策。

排序是监督学习的一个分支，其目标是列表中每个项目的相关性标签，称之为查询。每次查询包含一定数量的项目。每个项目用一个 *N* 维特征向量和一个相应的相关性标签表示，表明该项目在该查询中的相关性。相关性标签越高，查询匹配的相关性就越高。

我们的排序算法采用的数据格式是微软亚洲研究院（Qin 和 Liu，2010）开发的 LETOR 数据集格式。第一列是查询匹配的相关性标签，第二列是查询 id，接下来的列为特征。

图 11-2 所示为由微软亚洲研究院（Qin 等人，2010）研发的 LETOR 样本数据格式。

训练或学习过程中使用的数据集是针对特定问题语句设计的查询结果集合。对于其中每一次查询，算法都能了解是什么使某些项比其

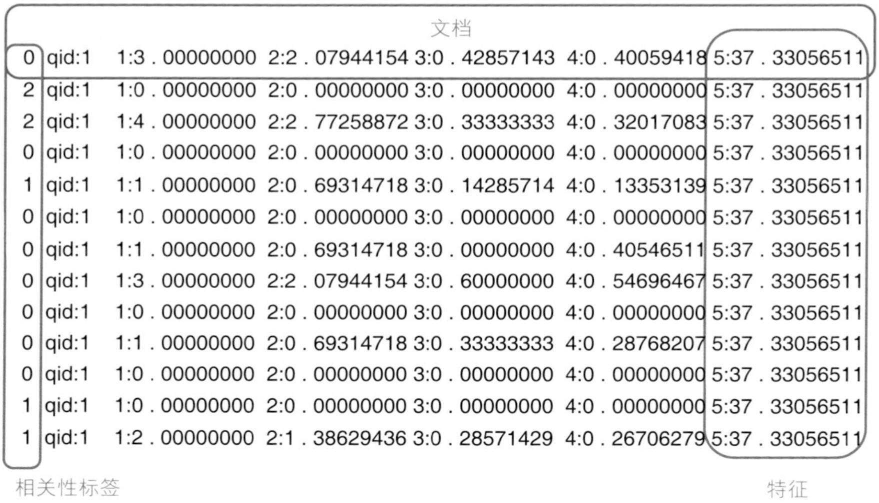

文档

```
0 qid:1 1:3 . 00000000 2:2 . 07944154 3:0 . 42857143 4:0 . 40059418 5:37 . 33056511
2 qid:1 1:0 . 00000000 2:0 . 00000000 3:0 . 00000000 4:0 . 00000000 5:37 . 33056511
2 qid:1 1:4 . 00000000 2:2 . 77258872 3:0 . 33333333 4:0 . 32017083 5:37 . 33056511
0 qid:1 1:0 . 00000000 2:0 . 00000000 3:0 . 00000000 4:0 . 00000000 5:37 . 33056511
1 qid:1 1:1 . 00000000 2:0 . 69314718 3:0 . 14285714 4:0 . 13353139 5:37 . 33056511
0 qid:1 1:0 . 00000000 2:0 . 00000000 3:0 . 00000000 4:0 . 00000000 5:37 . 33056511
0 qid:1 1:1 . 00000000 2:0 . 69314718 3:0 . 00000000 4:0 . 40546511 5:37 . 33056511
0 qid:1 1:3 . 00000000 2:2 . 07944154 3:0 . 60000000 4:0 . 54696467 5:37 . 33056511
0 qid:1 1:0 . 00000000 2:0 . 00000000 3:0 . 00000000 4:0 . 00000000 5:37 . 33056511
0 qid:1 1:1 . 00000000 2:0 . 69314718 3:0 . 33333333 4:0 . 28768207 5:37 . 33056511
0 qid:1 1:0 . 00000000 2:0 . 00000000 3:0 . 00000000 4:0 . 00000000 5:37 . 33056511
1 qid:1 1:0 . 00000000 2:0 . 00000000 3:0 . 00000000 4:0 . 00000000 5:37 . 33056511
1 qid:1 1:2 . 00000000 2:1 . 38629436 3:0 . 28571429 4:0 . 26706279 5:37 . 33056511
```

相关性标签　　特征

图 11-2　LETOR 样本数据格式

他项更具相关性，从而学习该查询中项目的顺序优先级。

为了协助训练过程，使用指标来指导算法。对于回归和分类训练，使用的一些指标分别是均方根误差（RMSE）和 F1- 分数。就排序而言，训练可用的指标是平均精度均值（MAP）或归一化折损累计增益（NDCG）。两者之间的主要区别在于 MAP 假设二元相关性（一个项目要么相关，要么不相关），而 NDCG 可以给出相关性实际得分数值。根据具体的问题语句，可以使用其中一个指标。

针对卡尔加里 URD 电缆的故障敏感性排序模型，我们决定使用 NDCG，因为我们更倾向于在训练过程中考虑 URD 电缆的重复故障次数。

11.4 归一化折损累积增益 (NDCG)

归一化折损累积增益（NDCG）是一个用于排序算法的代价函数，其值在 0 到 1 之间。在机器学习排序模型的训练 / 学习过程中，训练算法通过调整模型权重来优化 NDCG，从而尽可能地增加 NDCG。NDCG 为 0，表明模型无法学习其正在训练的任务，而 NDCG 为 1，则表明模型已经很好地学习了当前的任务（Shams 2017）。

假设您的任务是将 10 个变压器按故障敏感性进行排序。由此产生的排序可以通过图 11-3 的柱状图显示出来。

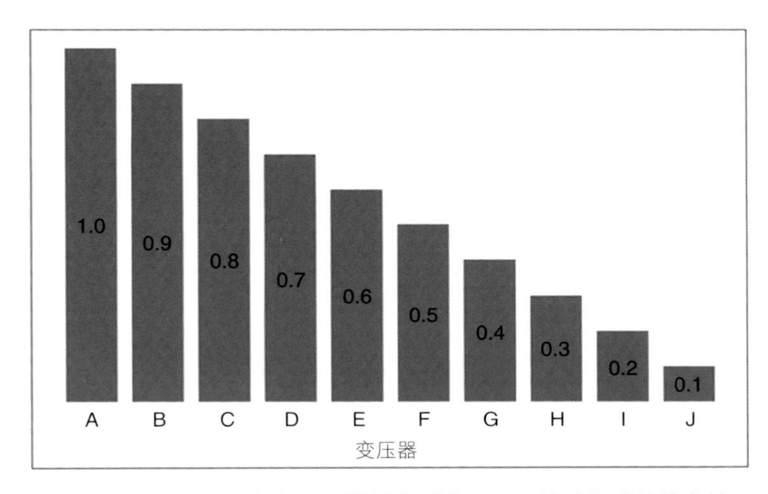

图 11-3　采用归一化折损累积增益模型的变压器故障敏感性排序情况

在本例中，排序为 1.0 表示变压器最容易发生故障，而排序为 0f 0.0 表示变压器最不容易发生故障。在将排序与实际故障比较时，一个完美的模型（NDCG=1）只有排序最高的变压器发生了故障，而一个不良的模型（NDCG=0）只有排序最低的变压器发生了故障。图 11-4 说明了这一点。

11.5 数据采集

电缆故障历史记录是该分析使用的主要数据集，并辅以与电缆属性、天气和位置相关的特征。使用哪些特征取决于哪些数据可用，以

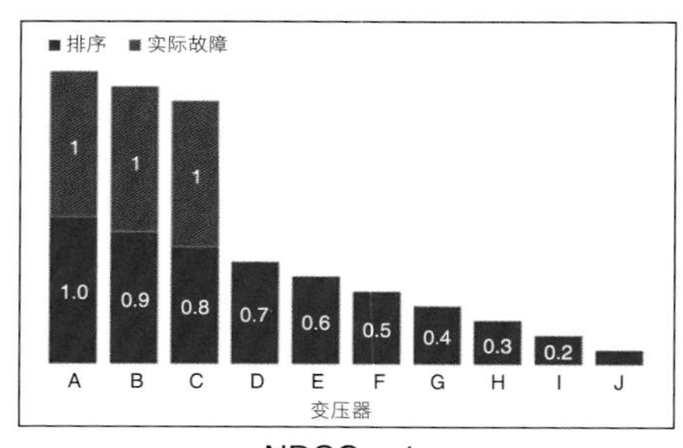

NDCG = 1

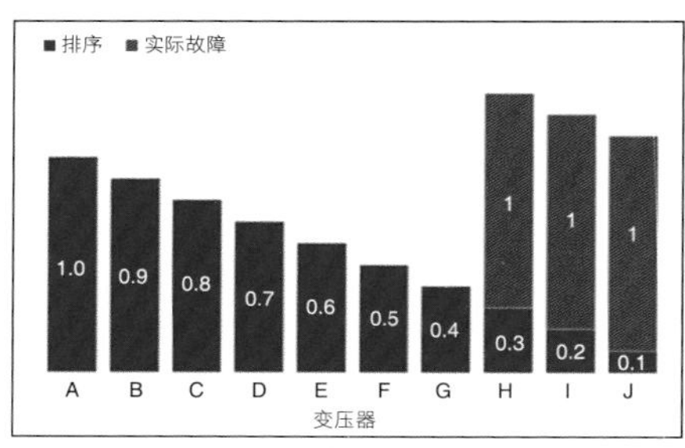

NDCG = 0

图 11-4 NDCG 分别为 1 和 0 时的变压器故障敏感性排序情况

及哪些特征具有相关性的评估结果。这个过程将在下一节数据探索中进行更详细的讨论。跟踪历史电缆故障的方法有很多种。一些公用事业公司可能有专用的资产管理软件来跟踪电缆故障，而另一些公用事业公司可能只使用了停电管理系统，并对电缆故障的原因代码进行了分类。重要的是给特定的数据找到对应的领域专家。

无论采取何种方法跟踪电缆故障，精通这一领域的专家能够从不同方面分析数据，可以正确地处理数据并避免潜在的误解。例如，使用停电管理系统间接跟踪电缆故障的公用事业公司可能不会跟踪重要的电缆故障细节，即使有可能，也需要进行信息处理。如果熔丝熔断下游电缆发生故障，停机数据库可能只会参考受影响的设备，即熔丝，但不会明确指出下游电缆的哪一段故障。在这种情况下，SME 就需要了解停机数据库的局限性，并确定故障的大致区域，但不确定故障发生的具体位置。

用于分析的电缆故障数据是基于停机数据库，而不仅仅是电缆故障。受到影响的停机设备是一个标准字段，其中 ENMAX 系统中的大多数电缆故障中断，该字段由熔丝隔离。故障上游的受影响设备被认为是故障大致位置的最为一致的标识符，并被选为排序的唯一标识符。从停机数据库中提取的主要细节信息包括停机开始日期和时间，以及受影响的电缆段或上游保护装置。

试图通过确定发生故障的具体电缆段来开展进一步深入研究。停机数据库中包含一个操作员评论字段、一个可选字段，操作人员可以在该字段中记录已定位电缆故障的隔离点。通过两个隔离点，可以综合编程语言和工具的组合来识别电缆段 ID，允许您跟踪 GIS 网络馈线的上游设备。通过对两个隔离点进行上游跟踪（注意捕获的每个电缆段 ID），只捕获一次的电缆段就是意向的隔离电缆段。然后，电缆段 ID 与 GIS 和资产记录管理团队提供的电缆安装及物理属性数据进行匹配。遗憾的是，在所有历史电缆故障中断事故中，大约 40% 无法获得操作员的意见（隔离点信息）。由于电缆段特定故障数据的不一致性，使得数据分析需要基于熔丝级别的电缆数据，而非电缆段级别的数据。资产记录中的每一段电缆都包含关键属性，如安装日期、电缆类型、电缆长度、中性点类型及电缆埋设方法等。

在大多数情况下，每个熔丝下游的电缆段均采用下游电缆段属性的均值和模式来表示。由于 CYME 中使用的网络拓扑和资产 ID 来自 GIS 系统，通常使用 CYME 作为跟踪每个熔丝下游电缆段的工具。CYME 中的 Python 脚本是用于自动化下游跟踪和数据收集的功能。熔丝下游地下电缆的安装通常在社区开发的同时进行。根据安装日期计算的电缆使用年龄，通过计算每个熔丝各自下游电缆段的电缆使用年龄平均值来表示。我们需要了解到，计算平均值来表示电缆使用年限并不是完美的选择，这种方法允许使用最近的分段更换电缆的熔丝来降低对电缆使用年龄的整体感知。电缆长度可以简单地表示为每个熔丝下游电缆长度的总和。通过该模式，可以表示电缆的埋设方式、导体材料、中性点类型、工作电压等分类属性。模式计算是根据 GIS 模型如何指定每个电缆段的方式进行的，但采用基于电缆长度的分类模式可能是更好的方式。以有十个下游电缆段（由 GIS 定义）的熔丝为例，这十个电缆段中的大多数被归类为埋在管道中的埋设方法。但是，如果基于电缆长度的大部分电缆段是直接埋设的，则解释将完全不同。

分析过程中还加入了其他的数据集，用以补充电缆故障历史，同时最好地反映电缆段的差异。电缆注入是一种电缆修复方法。通过该方法，将硅流体注入电缆股中，提高电缆的绝缘性能并延迟其发生进一步击穿。电缆注入是 ENMAX 公司针对 URD 社区的电缆故障进行的一项程序，目的是改善电缆的健康状况，并延长资产寿命。采用电缆注入方式处理的电缆段以及何时进行电缆注入处理的数据集，应与主电缆故障数据集合并。

ENMAX 电力公司拥有并运营着加拿大阿尔伯塔省卡尔加里的配电系统，那里的气温和天气条件一年四季不断变化。夏天通常干燥、温暖，阳光充足，温度升到 30℃的时间较短。卡尔加里的冬天降雪量适中，温度通常在 0℃以下。

钦诺克（Chinook）风：来自落基山脉的钦诺克风可在几小时内使卡尔加里的气温急剧上升 30℃，导致冰雪迅速融化。温度多变的冬季和温暖的夏季伴随的天气特征，有利于了解电缆故障时的环境状况。通过获取天气数据源，可将停运数据库中每次电缆故障的停运开始时间与相应的环境温度和降水进行匹配。

11.5.1 数据探索

当谈及开发机器学习模型时，关键在于简单。正如史蒂夫·乔布斯（Steve Jobs）曾经说过，“简单就是终极的复杂。”如果增加模型复杂性不会带来额外的好处，坚持使用简单模型应是明智的选择。在数据探索和特征选择过程中，应保持这种心态。

大多数预测分析建模的共同之处在于选择模型开发过程中涉及的特征。通常情况下，如果可供选择的特征数量较大，就需要开展广泛的调查来确定应该包括哪些特性、忽略哪些特性。这涉及确定哪些特征将有助于帮助模型有效地学习所需的输出，同时确定哪些特征是不利于学习过程的。根据上文讨论的数据源，开发月度和年度机器学习模型时考虑的特征如下：

（1）电缆年龄；

（2）故障间隔时间；

（3）电缆注入；

（4）以往中断的次数；

（5）到最近水域的距离；

（6）电缆埋设方法；

（7）导体材料；

（8）电缆长度；

（9）中性点；

（10）工作电压；

（11）热负荷。

每月模型需单独考虑的其他特征包括：

（1）温度；

（2）降水。

需要注意的是，上文提到的一些特征是在与 SME 及现场工作人员协商后确定的。在协商过程中，现场工作人员提到他们注意到一个现象，即故障发生位置有靠近湖泊和河流的趋势。基于这一情况，人们开始调查地下电缆是否接近最近的地下水位。

为了确定模型开发过程中所涉及的特征，综合使用了随机森林特征重要性、相关性及协方差图。

随机森林特征重要性是随机森林机器学习算法的一个额外优势。该算法，基于对平均精度分数的影响（相对于其他特征）对输入特征进行排序。在树节点上，减少平均绝对误差的特征比对平均绝对误差无影响的特征更重要。

11.5.2 数据转换

如第 11.3.5 节所述，我们的排序算法采用的数据格式为微软亚洲研究院开发的 LETOR 数据集格式。第一列是查询匹配的相关性标签，第二列是查询 id，接下来的列为特征。

我们训练所需的查询集是基于以下两个表创建而来的：

（1）URD 电缆静态属性表；

（2）URD 中断信息表。

URD 电缆静态属性表包含 ENMAX 配电系统中所有 URD 电缆的静态特征。这些特征包括客户数量、安装年份、到最近水域的距离、埋设方法、电缆类型等。URD 电缆静态属性示例见表 11-1。

表 11-1 URD 电缆静态属性表

熔丝	客户数量	长度	平均安装年份	距水域距离	CN	SN	DB	DBANK	DCT	PLANK	已注入
1	11	52.23648	2011	43.59426297	1	0	0	0	1	0	0
2	0	221.42473	2013	1019.863046	1	0	0	0	1	0	0
3	26	174.64141	2009	242.2471156	1	0	0	0	1	0	0
4	1	309.22411	2002	1828.751968	1	0	0	0	1	0	0
5	13	68.85823	2018	1415.293792	1	0	0	0	1	0	0
6	1	56.05559	2006	1767.906034	1	0	0	0	1	0	0
7	2	42.06509	2016	1439.864748	1	0	0	0	1	0	0
8	173	226.67861	1981	2175.882082	1	0	0	0	1	0	0
9	1	341.14385	2014	270.6210019	1	0	0	0	1	0	0
10	0	25.32063	2016	1132.338321	1	0	0	0	1	0	0
11	11	46.0082	2017	1853.724109	1	0	0	0	1	0	0

URD 停机信息表包含 ENMAX 配电系统中每条 URD 电缆上的停机事件信息。例如停机年份、停机月份和停机时的天气等信息，以及停机时间特有的任何其他信息都存储在本表中。URD 中断信息表示例见表 11-2。

表 11-2　URD 中断信息表

受影响的熔丝	中断年份	停机月份	关键	TMP 最大值	TMP 最小值
9	2007	1	20071	11	0
6	2007	1	20071	4	–9
4	2007	2	20072	2	–24
8	2007	2	20072	–17	–20
1	2007	3	20073	8	–4
5	2007	3	20073	–7	–11
5	2007	5	20075	14	3
10	2007	5	20075	7	2
2	2007	5	20075	7	2
6	2007	5	20075	14	3

然后，通过拆分 URD 中断信息表的迭代过程中创建 LETOR 数据集。拆分取决于需要年度模型还是月度模型。例如，如需要月度模型，上述 URD 中断信息表将分成四个部分。每个分割都作为 URD 电缆静态属性表副本的输入内容，其中在该分割中发生故障的熔丝将会得到相应的“中断次数”计数。例如，2007 年 3 月，1 号熔丝和 5 号熔丝分别发生故障，则 URD 电缆静态属性表中两个熔丝的中断次数为 1，而当月其他熔丝的中断次数为 0。

以下伪代码描述了创建 LETOR 数据集的迭代过程。

```
START
  Set qid ¼ 1
  For each split in the URD outage information table:
   Get faulted fuses in split
   Create a copy of the URD cable static attributes table
   Add "Outage Count" column to the URD cable static attributes
   table
   Set URD cable static attributes table "Outage Count" to number of
   failures in split
   Get cable age at split (Outage year - Installation year)
   Add outage information table columns for age, temperature,
   precipitation, etc., to the URD cable static attributes table
   Set URD cable static attributes table outage information column
   values to values in split
   Add "Query ID" column to the URD cable static attributes table
   Set URD cable static attributes table "Query ID" to qid
   Set qid ¼ qid + 1
  END For
END
```

创建的 LETOR 数据集将类似于第 11.3.5 节中所示的 LETOR 样本数据格式。

11.6 模型开发

机器学习模型是使用 python 编程语言、开源库及在第 11.5.2 节中创建的 LETOR 数据集开发的。在该模型开发过程中使用的 python 开源库包括：XGBoost、SciKit-learn、Pandas 和 Numpy。

使用 80/20 分裂，可将数据集分成两个数据集。80% 的数据集用于训练和验证模型（训练数据集），而剩余的 20% 用于检测模型的有效性（测试数据集），如图 11-5 所示。

我们的训练数据集中包含 2007 年至 2017 年的数据（查询 1~11），而我们的测试数据集内为 2018 年至 2019 年的数据（查询 12 和 13）。

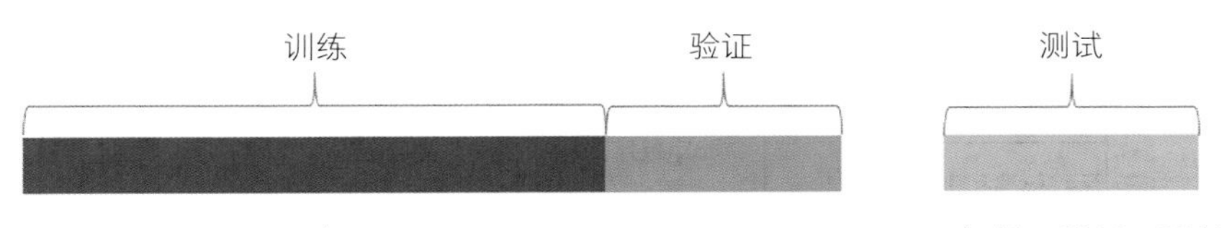

图 11-5　训练数据集与测试数据集

使用训练数据集通过迭代学习过程创建模型，可以优化（最大化）代价函数 NDCG。

Python 脚本的摘录部分如下所示。

```
   #### Set Training parameters ####
 #### (These values will need to be tuned to improve performance)
####
 obj 5 ['rank:ndcg'] eta_list = [0.0001] child_weight_list 5
[30] depth_list 5 [1000] boost_round_list 5 [3000] gamma_list 5
[20]
 booster 5 ['dart'] my_metric 5 'ndcg@20' my_verbose 5 0

 #### Train, using set parameters ####
 print ("Commencing Training...")

 params 5 {'booster': booster, 'eval_metric' : my_metric,
'objective': i, 'eta': j, 'gamma': n,
 'min_child_weight': k, 'max_depth': l, 'subsample': 0.5}
 xgb_model 5 xgb.train(params, train_dmatrix, num_boost_round 5 m,
  evals 5 [(valid_dmatrix, 'validation')], verbose_eval 5
my_verbose, early_stopping_rounds 550)
 rez_list 5 evals_result['validation'][my_metric]
 print ("Training Complete")

 #### Test the trained model on the test dataset ####
 prediction 5 xgb_model.predict(test_dmatrix)
```

图 11-6 总结了模型开发过程。

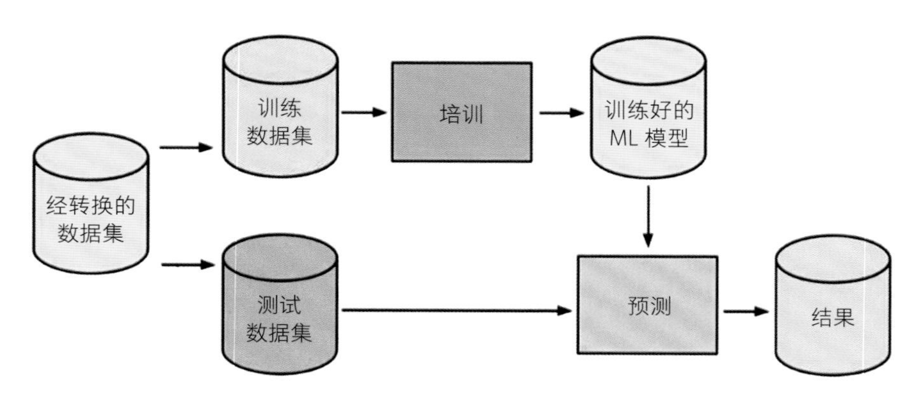

图 11-6　模型开发过程

11.7 结果和验证

在模型开发过程中，我们创建了两个模型，即一个月度模型和一个年度模型。训练过程完成后，立即将保留的测试数据集（年度模型为 2018 年和 2019 年）输入到模型中，并将结果与实际故障进行比较。

11.7.1 月度模型结果

年度模型的验证 NDCG 为 0.82。其中一个测试月的结果如图 11-7 所示。注意，这个测试月总共发生了 5 次电缆故障。然而，4/5 的电缆故障发生在 ML 月度模型排序前四的熔丝下游位置。

蓝绿色条是模型对 ENMAX 系统中大约 8000 个熔丝组中每个熔丝组的排序，而黑色条表示相应熔丝下游的实际故障情况。排序最高的熔丝放大视图如图 11-8 所示。

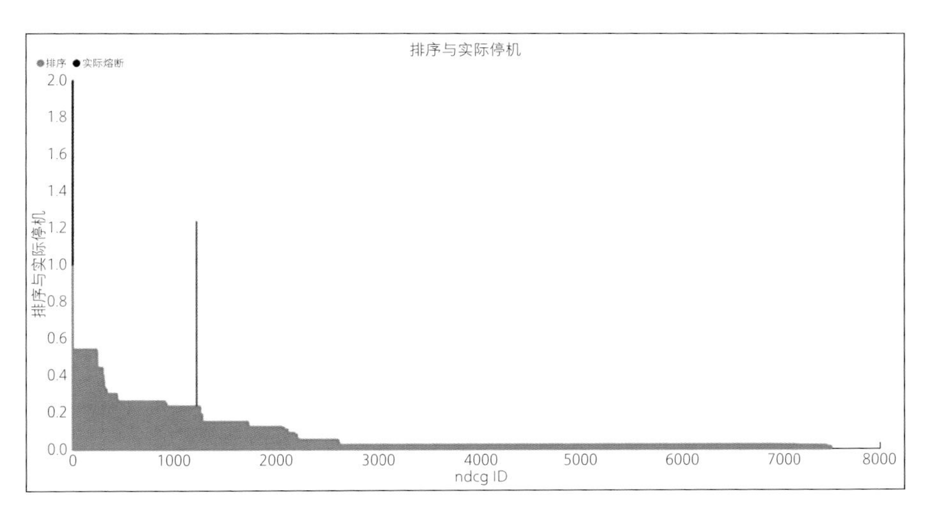

图 11-7 月度模型结果

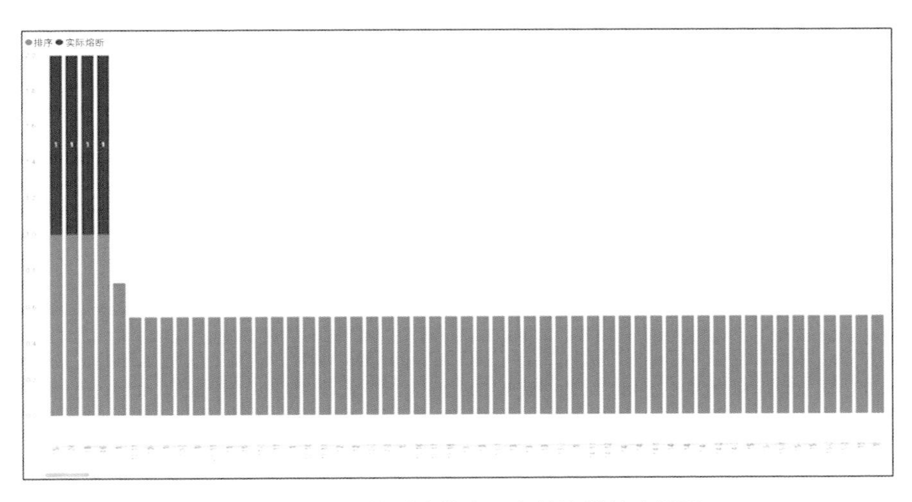

图 11-8 月度模型中排序最高的熔丝放大视图

11.7.2 年度模型结果

月度模型的验证 NDCG 为 0.73。2018 年的排序与实际停机情况如图 11-9 所示。

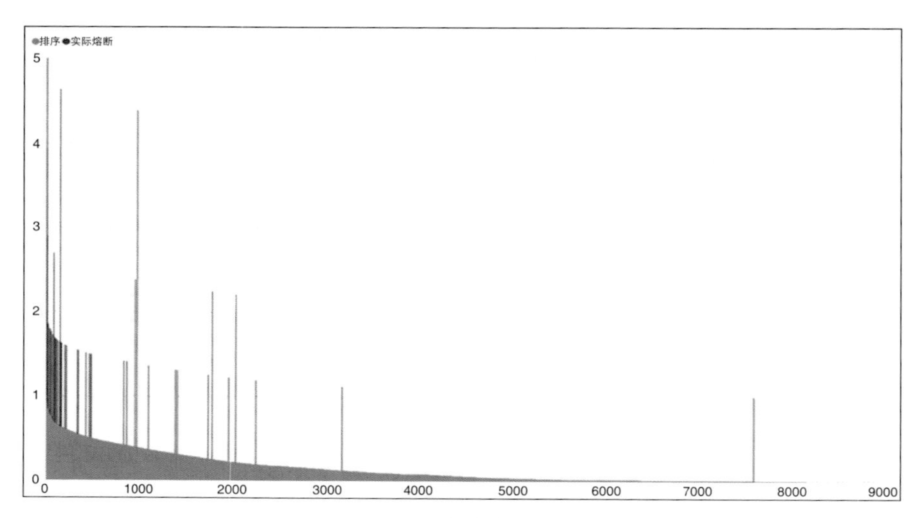

图 11-9 年度模型结果

图 11-10 给出了排序靠前的熔丝放大视图，显示了熔丝的排序和实际故障数量。

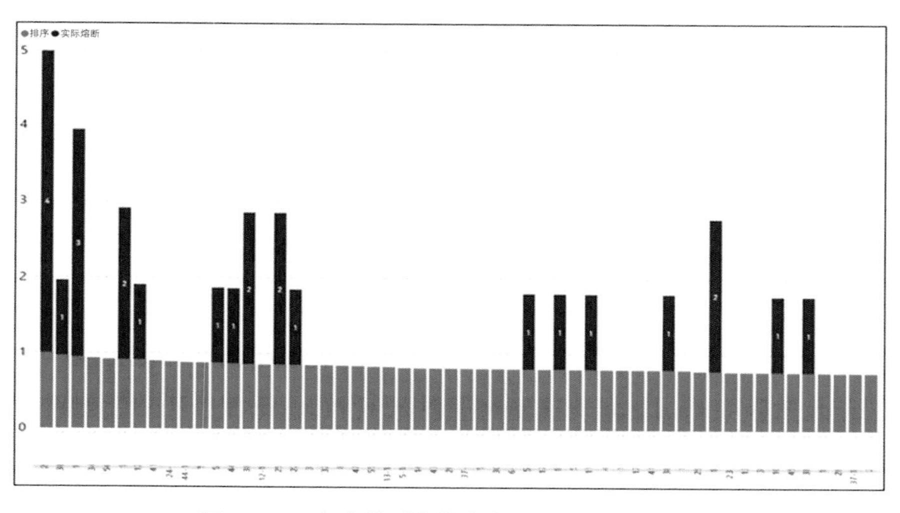

图 11-10 年度模型中排序靠前的熔丝放大视图

为了将 ML 年度模型的结果与基础模型进行比较，我们仅根据平均年龄对 2019 年的熔丝进行了排序，年龄最大的熔丝排序最靠前。

将基础模型与实际故障进行交叉验证表明，平均年龄本身不足以确定故障敏感性。基础结果如图 11-11 所示。

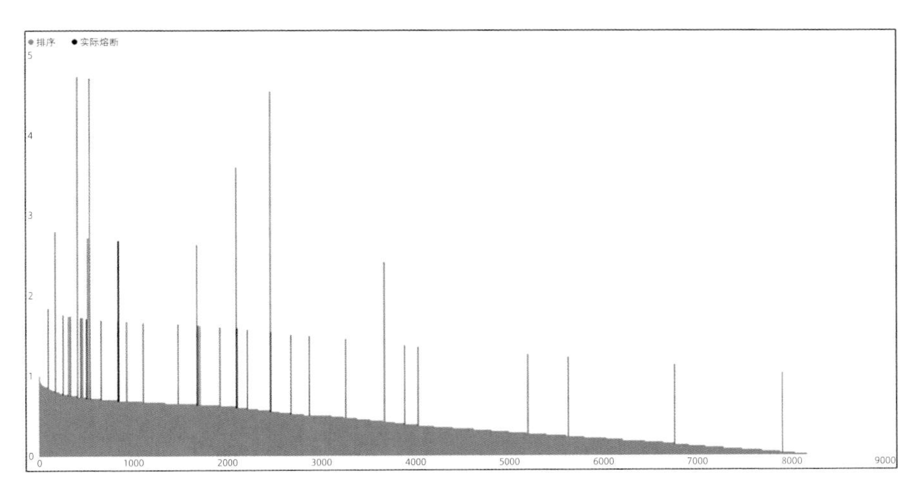

图 11-11　基础模型结果

同样地，使用 ML 模型对相同的熔丝进行排序会得出更好的结果。在排序中，故障熔丝将排在更靠前的位置，如图 11-12 所示。

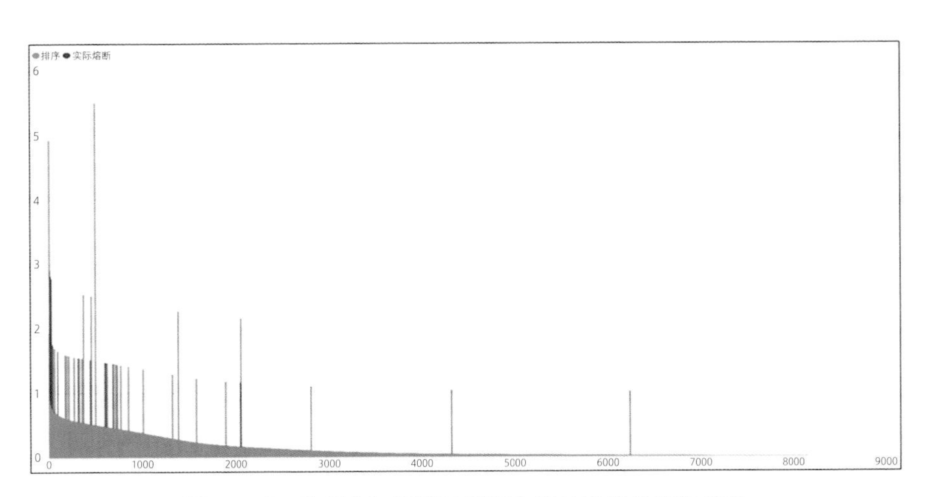

图 11-12　使用 ML 模型对相同的熔丝进行排序的结果

图 11-13 给出了排序靠前的熔丝放大视图，显示了熔丝的排序和实际故障的数量。

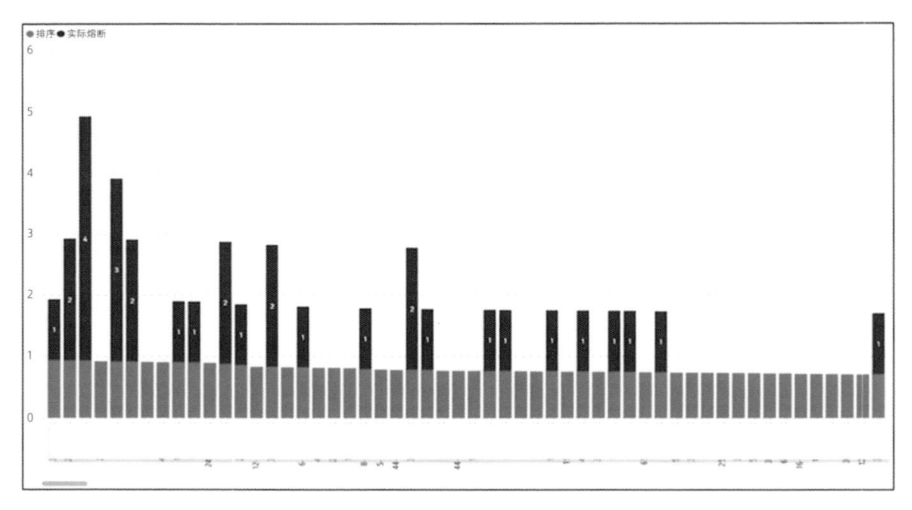

图 11–13　使用 ML 模型排序时靠前的熔丝放大视图

11.8 模型局限性

如同大多数分析一样，该模型的能力也有一些局限性。

第一个局限性源于将熔丝下游的电缆段聚合为单个实体的假设。鉴于我们的数据质量，这个假设是必要的，但它限制了我们模型的效果。除非存在数据限制，在表示特定电缆段故障的目标上进行涵盖多个电缆段的特征训练，并不是最佳实践。例如，使用熔丝下游所有电缆的平均年龄，而不是实际电缆段的年龄，在一定程度上降低了我们的训练和验证效果。

第二个局限性是排序未遵循时间顺序。对于每个月度或年度排序，该模型并未指出哪条熔丝会首先发生故障。因此，我们无法知晓距离首次故障还有多长时间，或者下次故障将在何时发生。这一问题可通过创建一个将目标变量作为故障间隔时间的回归模型来解决。然而，这种回归模型需要较高的数据质量，才能获得可接受的训练和验证误差。

11.9 结论

在这个案例研究中，我们已经介绍了一个使用免费开源统计库对 URD 电缆进行排序的数据解决方案框架。随后，我们用实际数据对框架进行交叉验证，以确保其准确性和通用性。值得注意的是，该框架可以应用于配电系统中的大多数资产。

从测试结果中，我们发现虽然我们的机器学习模型无法给出故障的时间顺序，但可以实现根据故障敏感性对 ENMAX 的 URD 电缆进行排序。

随着开源机器学习库、云计算和数据存储方面的不断改进，复杂性的差距正在逐渐缩小。精确预测模型的创建、部署及维护变得越来越容易实现。在这个人工智能的新时代，能够充分利用数据来实现可行的洞察力的电力公司将成为真正的行业领导者。

致谢 本文概述的内容是与 ENMAX 各利益相关方团队合作完成的，包括 ENMAX 的现场人员、资产管理人员、地理信息系统和运营规划人员。

参考文献

[1] Brownlee, J.: Supervised and unsupervised machine learning algorithms 2016. https:// machinelearningmastery.com/supervised-and-unsupervised-machine-learning-algorithms/

[2] Mohri, M.: Foundations of machine learning ranking 2019. https:// cs.nyu.edu/~mohri/mls/ml_ ranking.pdf

[3] Qin, T and TY Liu Microsoft Learning to Rank Datasets, 2010 https:// www.microsoft.com/en-us/ research/project/mslr/

[4] Qin, T., Liu, T.Y., Xu, J., Li, H.: LETOR: A benchmark collection for research on learning to rank for information retrieval 2010. https:// www.microsoft.com/en-us/research/wp-content/uploads/ 2016/08/ letor3.pdf

[5] Shams, S. Discounted Cumulative Gain, Machine Learning Medium, 2017 https://machinelear ningmedium.com/2017/07/24/discounted-cumulative-gain/

[6] Stefanus, R.: Conventional programming vs machine learning 2019. https://medium.com/ @rstefanus16/conventional-programming-vs-machine-learning-a3b7b3425531

凯文·万（Kevin Wan）是一名训练工程师，在运营规划团队中为ENMAX的输电和配电系统提供支持。他拥有萨斯喀彻温大学电气工程学士学位。Kevin是一名狂热的电脑程序员，热衷于利用自动化和数据分析完成具有挑战性的任务。他擅长数据ETL、聚合和强化，为机器学习等高级分析奠定基础。

布萨约·阿金洛耶（Busayo Akinloye）是ENMAX Power的运营规划工程师。在担任这一职位期间，Busayo主要负责ENMAX输配电实时运行计划和可靠性。Busayo拥有近10年的行业经验，致力于将公用事业行业的专业知识与先进的数据分析和机器学习技术相结合，提高电网的可靠性。在2015年加入ENMAX之前，Busayo曾任职于Teshmont Consultants，担任多家加拿大电力公用事业公司的顾问。

他拥有曼尼托巴大学电气工程学士学位，还是APEGA的注册专业工程师。

杜鲁门·濑户（Truman Seto）（专业工程师）是ENMAX Power的运营规划和合规经理。获得卡尔加里大学电气工程学士学位后，于2006年加入ENMAX Power公司。他在输电和配电公用事业领域拥有14年的从业经验。其参与的工作包括长期输电规划、运营规划及可靠性工程。其工作的一个重点领域是将分析技术应用于传统的公用事业数据中，进而推动基于数据的业务决策。

12 PJM：备用变压器规划的概率风险评估

陈红（Hong Chen）
大卫・M・伊根（David M. Egan）
肯尼斯・塞勒（Kenneth Seiler）
迈克尔・E・布莱森（Michael E. Bryson）
弗雷德里克・S・S・布雷斯勒Ⅲ（Frederick S. S.Bresler Ⅲ）

陈红（H. Chen）（✉）
大卫・M・伊根（D. M. Egan）
肯尼斯・塞勒（K. Seiler）
迈克尔・E・布莱森（M. E. Bryson）
弗雷德里克・S・S・布雷斯勒Ⅲ（F. S. S. Bresler Ⅲ）
PJM 公司（地址：美国宾夕法尼亚州福吉谷）
e-mail: Hong.Chen@pjm.com

© 瑞士施普林格自然股份公司 (Springer Nature Switzerland) 2022
G. Ancell 等人 (eds.)，电网资产，CIGRE 绿皮书
https://doi.org/10.1007/978-3-030-85514-7_21

目 录

12 PJM：备用变压器规划的概率风险评估

摘　要

美国第一大电网运营商（PJM Interconnection）是一个横跨美国中部13个州和哥伦比亚特区的超大型区域输电组织（RTO），作为中立的、独立的一方，运营着一个充满竞争的电力批发市场，并管理高压电网，确保能够为6500多万人口可靠供电。因此，电力系统可靠性、运行效率和具有成本效益的资产管理投资决策现已成为PJM公司的核心关注点。本案例研究将描述支持备用变压器投资决策的分析，以及在变压器出现运行故障的情况下，应将这些备用变压器放置的位置，从而在减少输电阻塞费用方面获得显著收益。

12.1 PJM电力系统市场概述

PJM是一个区域输电组织，主要负责确保13个州的全部或部分地区以及哥伦比亚特区的电力系统可靠运行和电力市场高效运营。此外，PJM还负责区域输电规划和实施发电互联过程，确保未来电力系统的供电可靠性。PJM电力系统的社会影响力较为广泛，为一个约占美国国内生产总值21%的区域提供电力服务。

PJM电力系统包括距离超过84000多英里的输电线路和1440多个发电资源，并已达到165000MW以上的电力峰值负荷。截至2020年1月，PJM公司的发电装机容量在186000MW以上。2019年，PJM公司对其服务区域的输电量达到787307GWh。

在全球最大竞争电力批发市场的支持下，PJM 电力系统的可靠性得以增强，其成员电力企业参与数量超过 1040 家，2019 年所产生的年度账单为 390 亿美元。PJM 公司的运营市场包括电能市场、容量市场、辅助服务（如备用、调频）市场、金融输电权市场。

PJM“电能市场”是一种双结算市场（即日前金融市场、实时平衡市场）。PJM“日前市场”可根据市场参与者所提交的买入需求，外加整个电力系统的备用要求进行出清。而 PJM“实时市场”是一种现货市场，主要负责平衡发电量和电力系统负荷，维持电力系统备用，以及解决因输电网阻塞而出现特定资源调度、备用分配、节点边际电价（LMP）和备用出清价格的问题。

LMP 输电阻塞管理是 PJM“电能市场”的一大特征。LMP 表示电力生产及输送成本，可反映电价和整个电网网点的阻塞及损耗成本。受电力系统的不同位置影响，电价存在差异。特别是电力系统和廉价资源输出均受到限制时，尤其如此。

在电力系统实时运行过程中，如果某一输电设施或路径受限于电力系统实际状况或 N–1 突发事件状况（如电力潮流接近或超出输电线极限），则 PJM 公司可能需要运行成本更高的发电机，以维持电力系统的供电可靠性。LMP 将这些更高的成本计入“阻塞成本”，最终形成解决输电限制问题的一种最低成本方式。

12.2 PJM 公司在资产管理中所发挥的作用

PJM 虽为区域输电组织（RTO），但未拥有任何发电设施或输电设施。相反，各种输电设施归输电运营商（TO）所有。如图 12-1 所示，PJM 公司运营着 21 个输电区。PJM 输电系统的电压等级包括 765kV、500kV、345kV、230kV~115kV，以及部分低压设施。PJM 公司的主干电力系统图见图 12-2。PJM 与负责资产管理的 TO 进行密切合作，确保大型电力系统的供电可靠性。

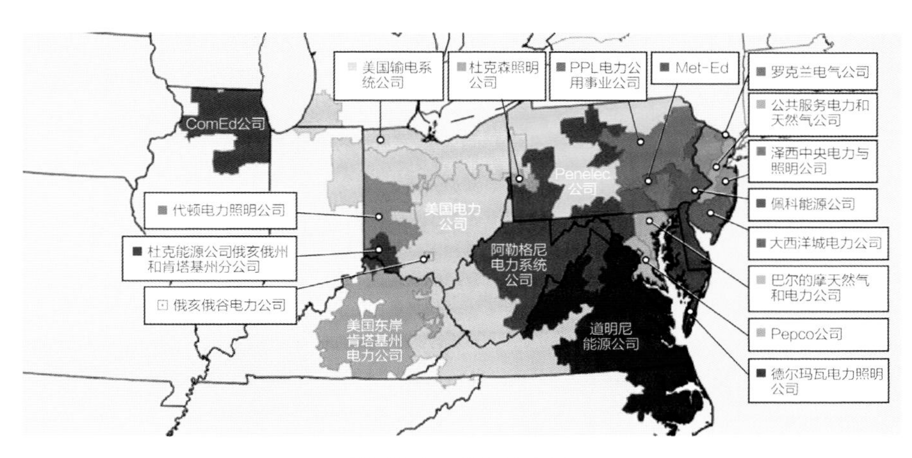

图 12-1　PJM 输电区

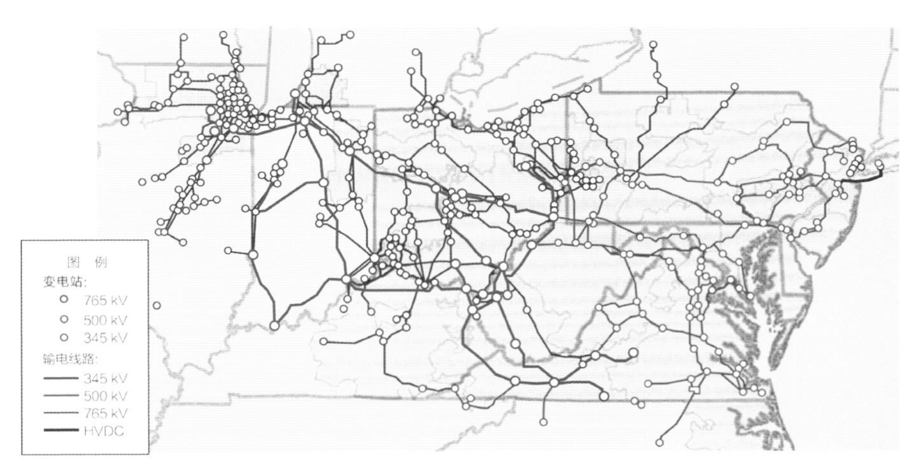

图 12-2　PJM 主干电力系统

从运营的角度来看，TO 需要根据 PJM 手册所规定的提交期限要求向 PJM 公司提交关于进行各种计划内维护停电、新设施通电和设施停用的请求。为便于安排停电，PJM 公司与 TO 共同更新相应的 EMS 模型，并进行停电分析。此外，PJM 还将在 TO 之间开展协调工作，在没有任何可靠性影响的情况下，则批准停电。

从长期规划的角度来看，PJM 公司会评估并管理电网的未来需求，确保电力系统能够在未来 15 年进行可靠供电。从对该区域的日后需求预测情况来看，PJM 公司会长期进行各种规划研究，以此确定需求是否发生变化或有所增加（如升级现有设备或新建输电线路）。此外，PJM 公司还会进行各种发电并网研究，确保与输电系统互联的运行资源的容量能够可靠交付。在制定年度《区域输电扩建计划》（RTEP）时，PJM 公司详细确定了未来 5 年内输电系统所需的变化，并预测了未来 15 年内极有可能需要的变化。

12.3 商业案例：备用变压器规划

随着美国输电系统不断老化，TO 和输电运营商们开始对降低高压设备故障风险这一问题愈发重视。对于 TO 来说，在对设备进行紧急替换或非预期替换的规划时，必须预测采购交付周期。某些设备（如电力变压器），从订购到交付和安装可能需要长达 18 个月的时间。由于替换设备的时间会延长电力系统恢复时间，并增加电力生产成本，因此，TO 必须制定稳健的资产管理策略，包括状况评估、密切监控设备，以保持供电可靠性，并控制成本。

在人们看来，超高压（EHV）变压器是一种最为关键的电力基础设施设备，主要用于将从发电到终端用户的各段输电系统的电压等级由超高压（如 345kV、500kV、765kV）调节为合适的等级。相关示例包括出于长距离输电目的而对发电源进行升压，以及将电压降至电力用户所用的配电等级。

如果 EHV 变压器发生故障，可能会出现供电可靠性问题，并影响电力潮流，进而发生输电阻塞，对电力用户产生额外成本。另外，替换一台 EHV 变压器的交付周期从采购到调试和替换可能需要长达

18 个月的时间，而替换成本可能高达几百万美元。因此，EHV 变压器的故障成本确实代价高昂。

由此看来，为缓解 EHV 变压器故障风险，配备并使用备用变压器是非常重要的。出于经济上的考虑，同时为了加快替换速度，可在一组类似的变压器之间共享备用变压器。当某一变压器发生故障时，可将备用变压器投入使用，以确保电力系统能够正常运行。备用变压器可减少变压器组的故障后果（包括故障成本）。尽管如此，采购备用变压器也需要大量的资本投入。

根据与利益相关人的协议，PJM 公司的备用变压器研究范围集中在 500/230kV 变压器。2005 年，PJM 电力系统配备了 200kV、500/230kV 以上的变压器。如图 12-3 所示，在这些 500/230kV 超高压变压器中，约有 50% 的使用年龄在 30 年以上。据了解，许多此类变压器也存在有载分接开关（LTC）问题。

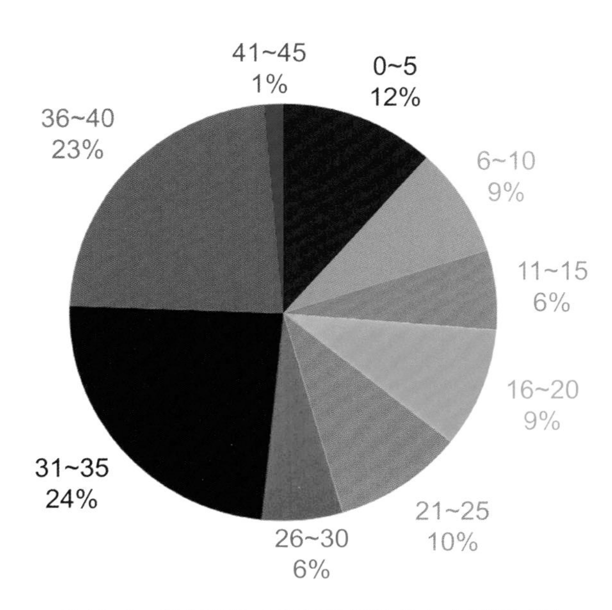

图 12-3　500/230kV 变压器年龄分布（2005 年）

电网设备使用寿命通常用浴盆曲线表示。当电网设备进入使用寿命浴盆曲线中的磨损阶段时，可能会发生突发性老化故障或报废故障。随着时间的推移，老化故障率会有所增加，但平均故障率并不会保持不变。由于不断老化的变压器故障发生概率较大，因此，为了保持电网的供电可靠性，对备用变压器的需求会更大。

在进行备用变压器方案设计时，需要考虑诸多因素，如备用变压器数量、备用变压器所处的最佳位置。对于这种工程问题，PJM 公司需要与 TO 开展合作，共同确定备用变压器的最佳数量和所处位置，以便在控制故障成本的同时将风险降至最低。

12.4 高级过程描述

为了解决备用变压器规划问题，2006 年，PJM 公司开发了一个“概率风险评估”（PRA）模型，主要用于管理现有的 500/230kV 变压器基础设施。此 PRA 模型可将电网资产所有者所提供的变压器状况和资产特定数据与市场分析数据相结合。这些数据有助于估计每台变压器每年发生故障的可能性、潜在的替换成本和安装时间，而市场分析数据提供了与每台变压器损失相关的预期阻塞成本。此 PRA 模型结合了故障发生的可能性和阻塞信息，以此确定变压器损失给电力系统所带来的年度风险（单位：美元）。

在评估 EHV 变压器故障发生概率之前，必须首先对该变压器进行风险分析。在进行此分析时，会通过危险函数预测与变压器状况有关的故障行为，而这种行为又取决于资产当前状态。概率成本分析的关键之处在于故障成本模型，该模型有助于进行效益 / 成本分析，从而为决策提供财务依据。图 12-4 对 PRA 模型进行了介绍。

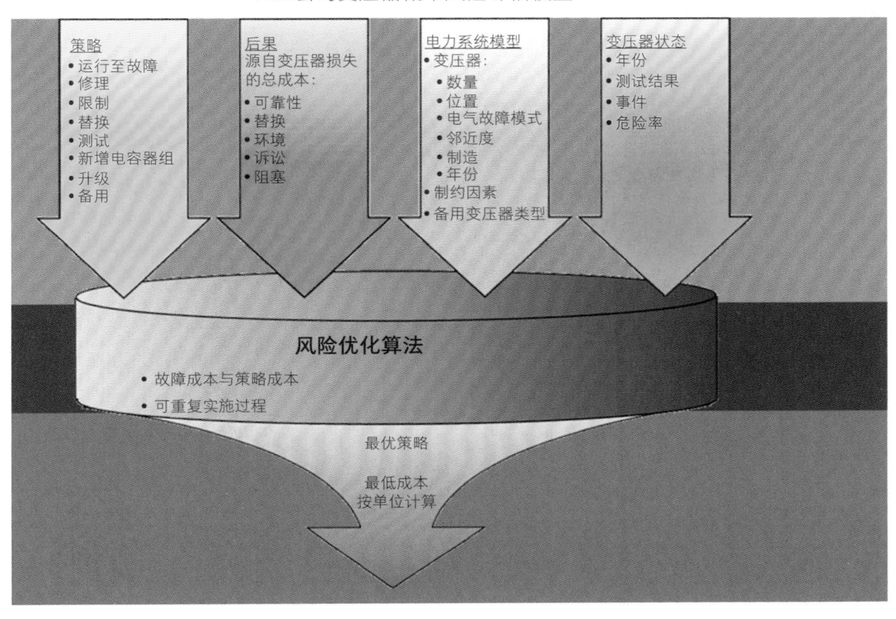

图 12-4　PJM 公司变压器 PRA 模型

风险评估模型旨在适当选择与风险相匹配的替代方案。为此，该风险评估模型还需要输入实施各种替代方案的成本和时间。

此外，这种输入还包括变压器之间的相互作用。譬如，就级联事件和影响大但可能性较小的事件发生概率而言，变压器设备之间将可能安装防火墙。根据一项行业调查显示，没有防火墙的设施故障导致相邻设备故障的可能性要高得多。因此，在人们看来，安装防火墙是一种缓解级联故障风险的有效方式。为确定级联事件的发生概率，PJM 公司不仅进行了行业事件调查，还咨询了相关行业专家。

与此同时，PJM 公司考虑了天气事件所造成的影响。譬如，受龙卷风影响，可能会出现某一变电站多个变压器设备受损的情况。PJM 公司使用了已公开数据中龙卷风的可能性。此外，PJM 公司还审查了出现第 3 类至第 5 类飓风的可能性（包括相对于沿海设施的影响概率）。

其余输入包括潜在风险缓解替代方案或策略、变压器组别。潜在风险缓解替代方案包括：运行至故障；大修或改造；运行限制；对等替换或升级替换；加大测试频率以有效评估状况；增加备用变压器或采购备用变压器。

下文将详细描述各步骤。

第 1 步：收集变压器现状信息

变压器现状信息取决于诸多因素，如使用年龄、制造缺陷、运维和操作方式，以及各种可能导致故障的绝缘脆化、热点或油污染等现有问题。这些资产所有者为不同的 TO，而且各 TO 对资产当前状态的描述可能存在差异。尽管一些较为重要的部件状态无法进行观察，但这些部件可能会引起老化机制的变化。对于这种无法观察的状态，只能根据 TO 所进行的诊断测试结果进行推断。以下数据可用于确定 EHV 变压器的状态：

变压器属性 包括：所有者、制造商、制造日期、单相或三相、位置、大小（MVA）、电压、有功或备用变压器、设计缺陷。

状态评估 包括：绝缘电力系统；重测结果、功率因数结果；变压器油酸度测试结果；绝缘油析出可燃气体总量；绝缘油 / 绝缘纸中含水量、温度校正；设计问题；1974 年前可疑的穿越故障能力；铁芯 / 夹具松动、T 型梁问题、油箱屏蔽；油泵状况；变压器是否配备 LTC；三级接收器包括情况；仪器；套管类型；套管功率因数；冷却器状况；LTC状况；变压器故障暴露；负载历史记录；变压器监控；翻新历史记录。

单个 TO 可能没有足够的变压器来产生具有统计学意义的评估结果。PJM 公司作为一个 RTO，可以对其管理范围内的整个变压器群体进行评估。创建一个具有变压器属性的数据库，是对变压器进行适当分组和跟踪变压器信息的关键。

变压器数据库包括 MVA、电压、有载分接开关（OLTC）、阻抗、制造商、状况、服役日期、位置、所有者、外部事件、备用变压器组等数据。

变压器可按照备用适用性进行分组。设计参数可用于限制指定备用变压器可以服务的在役变压器的数量。

此外，在 TO 之间未实施共享协议的情况下，PJM 公司无法承认在备用变压器所有者的服务区域之外对备用变压器进行共享。

第 2 步：变压器预期使用寿命估算

老化过程存在不确定性。如图 12-5 所示，老化故障率的发生概率是指假设该设备能够存活到 T，其在 $t-T$ 时期内发生故障的概率。

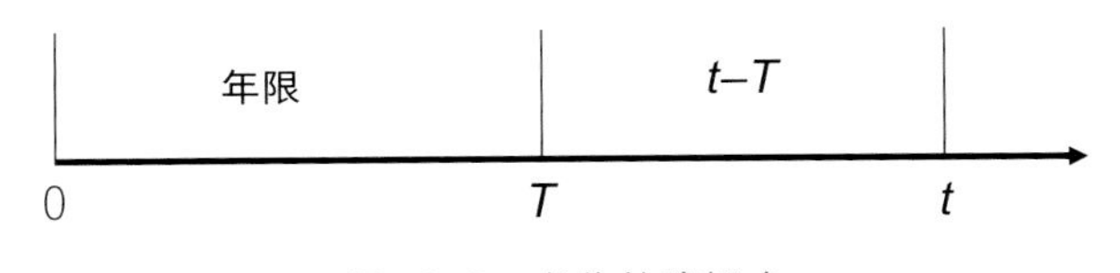

图 12-5　老化故障概念

各变压器的故障率并非根据变压器总群的年度故障率确定的，而是根据其有效的使用年龄确定的，该有效寿命结合了状况数据与基于使用年龄的故障历史记录。

传统上来说，一直通过爱荷华生存曲线模拟资产退役模式。退役变压器的安装年份和从电力系统中的移除年份数据可用于产生广义上的退役模式，而在役变压器的安装年份数据可用于预测故障率。尽管如此，但仍难以确定出现可能性最大的曲线类型，而且在选择曲线时，往往需要进行主观判断。此外，如果数据集非常小，则爱荷华曲线可能会给出一个错误的结论。

PJM 公司通过以下简化后的珀克危险函数生成与爱荷华曲线等效的生存曲线［陈（Chen）］。此危险函数应与观察到的变压器生存率保持一致。则

$$H(t)=\exp(\beta\times t+\alpha)/[1+\exp(\beta\times t+\mu)]$$

式中：$\beta>0$；$\alpha<+\infty$；$\mu>-\infty$。

$H(t)$ 随时间 t 单调增加。起初，$t=0$，典型变压器的故障率为 $\exp(\alpha)/[1+\exp(\mu)]$。随着时间的推移，该故障率将逐渐降至 $\exp(\alpha-\mu)$。

贝叶斯分析法可以用于模拟珀克危险函数参数（如 α、β、μ）的不确定性，并给出这些参数的最佳估计值［陈（Chen）］。

另外，此方法还可用于各年份或制造商类型，以此作为一种生成更加具体的危险函数的方式。图 12-6 所示的分布说明了 1966 年所安装的变压器报废概率（即寿命浴盆曲线）。

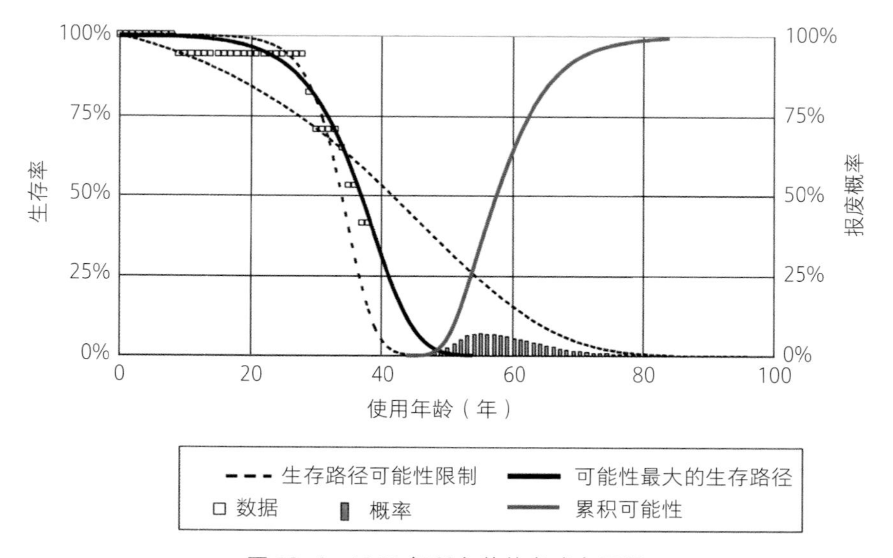

图 12-6　1966 年所安装的老式变压器

尽管此方法同样适用于整个变压器群体，但如果某一特定年份包括所采购的大部分变压器，此方法则可能会对总体结果造成不良影响。

第 3 步：确定变压器故障后果成本

变压器出现故障后会产生诸多后果，如可靠性下降、阻塞、诉讼、环境影响等。

对于 PJM 所使用的后果成本，是通过市场分析和资产所有者的投入情况进行确定的。主要驱动因素是变压器故障引起的阻塞成本，而具体金额又与变压器在电力系统中的所处位置有关。当变压器的故障对电力潮流造成严重限制时，这种成本可能从零美元到数亿美元不等。PJM 公司会利用市场模拟软件分析由变压器故障造成的经济影响。在进行此番分析时，PJM 公司会假设在一年内有一台变压器发生故障，并确定阻塞情况不可避免。

相关输入源自北美电力市场数据库，并根据 PJM RTEP 数据进行更新，包括：所有发电机组的详细运行特性；各区域的每小时电力负荷情况和预测；以及基于 RTEP 电力潮流情况的详细传输拓扑；节点限制及突发情况；LMP 集线器定义。

该软件可输出评估经济方面影响所需的信息，例如月度变压器阻塞损耗增长 / 减少量，单位小时负载特定母线或用户枢纽的 LMP，线路潮流和限制传输设施的阻塞成本。

第 4 步：变压器故障风险暴露

变压器故障风险可表示为年度风险暴露（单位：美元），可将故障可能性与故障后果相结合。对于变压器 i，故障风险暴露计算公式如下

$$\text{Risk}(i) = H(i) * \text{阻塞成本}(i)$$

式中：Risk（i）表示变压器 i 的故障风险暴露；H（i）表示第 2 步所确定的变压器 i 的危险率（即故障发生概率）；

阻塞成本（i）表示第 3 步根据变压器 i 在一年中的故障情况所确定的阻塞成本。

在初次确定各变压器的风险时，均建立在无备用变压器基础之上的假设，而这一假设可用作基础方案与各种潜在风险缓解替代方案进行比较。

第 5 步：风险缓解决策

某一备用变压器的价值 / 效益等于该备用变压器可服务的所有设施累积风险减少量，即各备用变压器 s 的效益 B（s）计算公式如下

$$B(s) = \sum_{i \in K} \text{Risk}(i)$$

式中：K 表示备用变压器 s 所服务的各种变压器；Risk（i）表示根据第 4 步所计算的变压器 i 的故障风险暴露。

只要额外备用变压器所缓解的风险（即效益）大于新建变压器的投资回报价值，就能说明采购备用变压器较为合理。

PJM 公司所采用的 PRA 方法同样能够确定备用变压器的最佳位置。备用变压器可位于现场，也可安置在偏远位置。备用变压器在现场的好处是可快速完成备用变压器的安装，而如果将备用变压器安置在偏远位置，则需要对该备用变压器进行搬运。理想情况下，备用变压器应位于风险最大的地方，而安置在偏远位置的备用变压器应位于风险较小的地方。PRA 方法可确定备用变压器最佳所处地点，从而最

大程度上减少风险，并可通过将备用变压器移至高风险地点有关的成本/效益分析来评估现有备用变压器的迁移。如果风险减少大于将备用变压器由A地移至B地的成本，则建议将该备用变压器由A地移至B地。

此外，也可通过PRA合理说明备用变压器的类型：旧的备用变压器或全新备用变压器。旧的备用变压器通常不会成为长期运行的理想选择。尽管旧的备用变压器能够让电力系统顺利克服故障困境，从而最大程度上减少阻塞暴露风险，但一旦出现全新备用变压器，TO仍需重复搬运旧的备用变压器，以安装全新备用变压器。因此，为避免重复搬运旧的备用变压器，采购一台全新设备，以此作为备用变压器是一种高性价比的做法。

需要实施成本和时间来比较风险缓解方案，以此比较风险缓解替代方案并作出决策，从而制定变压器库存维修/更换的最低成本策略。

12.5 挑战

就新设备增加、TO替换和状况数据更新而言，首当其冲的挑战便是保持变压器群体状态，而另一挑战是验证对变压器物流情况的假设。面对这两种挑战，需要与TO建立密切协作关系。

此外，在确定阻塞成本时，还需要大量系统级数据、假设，以及大量的时间来进行各种停电情况分析。

12.6 商业案例分析结果

在首次进行PRA时，经分析，确定需要在6个变电站中战略性布置7台全新备用变压器备件，通过部署这些备用变压器，从而每年可以减少7400万美元的阻塞风险。

就采购备用变压器的方案而言，可防止出现由变压器故障所导致的长时间停电，从而缓解阻塞风险。在没有备用变压器的情况下，如果将变压器运行至故障，则可能会导致该资产出现长达18个月的损失。与将变压器运行至故障的方案相比，实施经过PRA优化过的资产管理，可以节省约25%~30%的成本。另外，PRA还显示备用变压器将可能增加变压器运行设备的可接受风险限额，从而延长其使用寿命。

如今，为最大程度上减少变压器群体的风险暴露，可每两年进行一次PRA。截至2018年，已在PJM公司管理范围内安装了足够数量的备用变压器，以便充分缓解变压器潜在故障风险。

自2006年以来，受PRA的影响，PJM公司的多家TO一直专注于替换电力系统中的老旧设备。如图12-7所示，PJM公司电力系统中的变压器使用年龄分布已由年老变得年轻，而这种转变是随着时间的推移采用的主动式管理方式，而不是对故障的响应方式。此外，PRA也向这些TO证明了备用变压器的价值。鉴于在不同设施之间移动变压器设备所需的工作、时间和成本，部分TO更加注重现场安装备用变压器，而其他TO则保持最低数量的备用变压器，以便根据

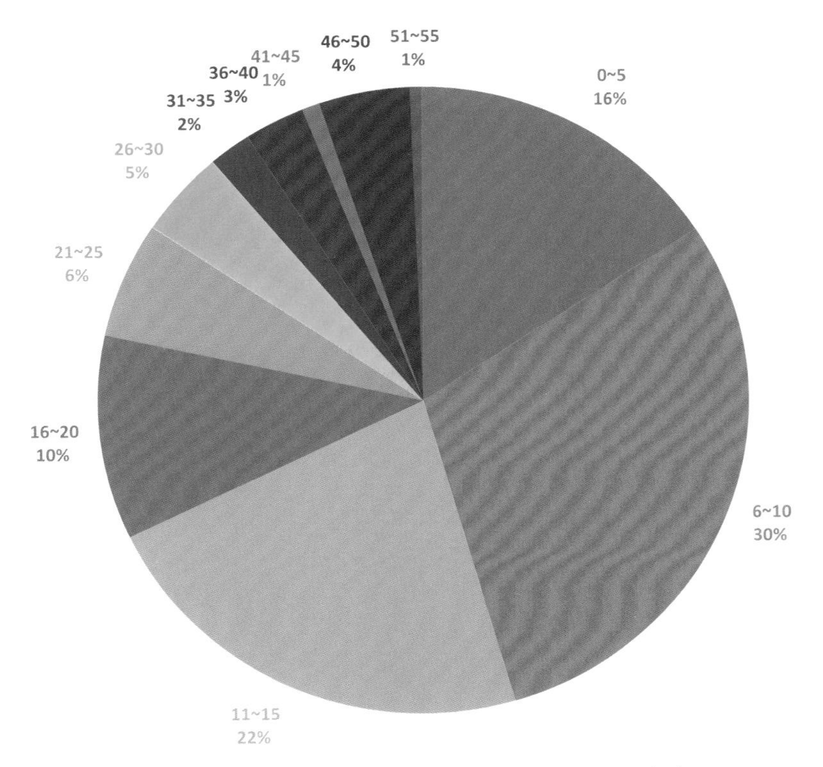

图 12-7　500/230kV 变压器使用年龄分布（2020 年）

PRA 经济有效地降低风险。

12.7 结论

“概率风险评估”方法不仅有助于 PJM 规划人员和输电资产所有者了解 EHV 变压器的老化风险，而且还能从经济角度积极解决变压器基础设施的老化问题。此方法可从成本角度为作出变压器退役和备用变压器采购决策提供合理性。

目前，PJM 公司正在研究将这种风险评估方法应用于其他电网系统资产中。

参考文献

[1] Chen, Q., Egan, D.: A Bayesian method for transformer life estimation using Perks' Hazard Function. IEEE Trans. Power Syst. 21(4), 1954–1965 (2006).

[2] Egan, D., Seiler, K.: PJM manages aging transformer fleet. Transmission & Distribution World..59(3), 42–45 (2007).

陈红（Hong Chen）博士是 PJM Interconnection 公司的一名高级首席工程师，主要负责电力系统运行和市场运营的协调工作。她在加拿大滑铁卢大学取得电气与计算机工程博士学位，并在中国东南大学取得电力系统工程学士及硕士学位。她在电力行业有着 20 多年的从业经历，一直积极参与 IEEE 电力和能源协会的志愿者工作，现任技术委员会副主席。

大卫·M·伊根（David M. Egan）在 PJM Interconnection 公司工作了 16 年以上，目前在“电力系统规划建模和支持部”担任经理，主要负责监督 PJM 公司和区域间所有商业案例的构建，PJM 公司所进行的各种发电机停用研究，以及 NERC 模型符合性。此前，他在并网过程中担任过项目经理和经理。在加入 PJM 之前，他在奥斯特 - 克里克核电站（Oyster Creek Generating Station）工作了 14 年。他毕业于宾汉姆顿大学，并取得机械工程学士学位，是 IEEE 电力和能源协会的一名成员，并在该协会担任资产管理工作组主席。

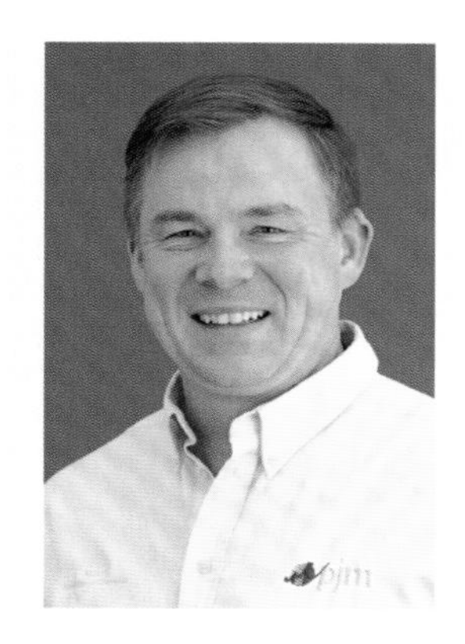

肯尼斯·塞勒（Kenneth Seiler）在PJM公司担任电力系统规划部副总裁，主要负责资源充足性规划、发电并网规划、区域间规划和输电规划有关的各种活动（包括制定《区域输电扩建计划》）。此前，他在PJM公司担任过与“电力系统运行和信息技术”有关的各种职务。在加入PJM公司之前，他在大都会爱迪生公司（Metropolitan Edison Co.）GPU工作了近14年，担任过与工程和电力系统运营有关的职务。他在美国黎巴嫩河谷学院取得工商管理硕士学位，并在美国宾夕法尼亚州立大学取得电气工程学士学位。

迈克尔·E·布莱森（Michael E. Bryson）在PJM担任运营部高级副总裁，主要负责协助PJM公司运营部监督输电系统的全天候实时输电运行情况，相关工作包括日程安排、输电调度、发电调度、可靠性协调、培训，以及为运行系统和支持关键能源管理系统所需要的各种工程分析。他在纽约西点军校取得普通工程学士学位，并在费城圣约瑟夫大学取得工商管理硕士学位。此外，他还获得由伍斯特理工学院颁发的电力工程研究生证书。

弗雷德里克·S·S·布雷斯勒Ⅲ（Frederick S. S. Bresler Ⅲ）在PJM担任市场服务部高级副总裁，主要负责PJM公司市场功能的各方面工作，职责涵盖PJM公司所运营的各种市场（包括容量市场、日前和实时电能市场、辅助服务市场、金融输电权市场、需求响应业务市场）。他在大容量电力系统的运行，以及容量、电能、输电权和辅助服务电力市场的开发和实施方面有着25年以上的工作经验。他在宾夕法尼亚州立大学取得电气工程理学学士学位和工商管理硕士学位，现为宾夕法尼亚州注册职业工程师。